数理科学特集一覧

63 年/7～15 年/12 省略
2016 年/1　数理モデルと普遍性
/2　幾何学における圏論的思考
/3　物理諸分野における場の量子論
/4　物理学における数学的発想
/5　物理と認識
/6　自然界を支配する偶然の構造
/7　〈反粒子〉
/8　線形代数の探究
/9　摂動論を考える
/10　ワイル
/11　解析力学とは何か
/12　高次元世界の数学
2017 年/1　数学記号と思考イメージ
/2　無限と数理
/3　代数幾何の世界
/4　関数解析的思考法のすすめ
/5　物理学と数学のつながり
/6　発展する微分幾何
/7　物理におけるミクロとマクロのつながり
/8　相対論的思考法のすすめ
/9　数論と解析学
/10　確率論の力
/11　発展する場の理論
/12　ガウス
2018 年/1　素粒子物理の現状と展望
/2　幾何学と次元
/3　量子論的思考法のすすめ
/4　現代物理学の捉え方
/5　微積分の考え方
/6　量子情報と物理学のフロンティア
/7　物理学における思考と創造
/8　機械学習の数理
/9　ファインマン
/10　カラビ・ヤウ多様体
/11　微分方程式の考え方
/12　重力波の衝撃
2019 年/1　発展する物性物理
/2　経路積分を考える
/3　対称性と物理学
/4　固有値問題の探究
/5　幾何学の拡がり
/6　データサイエンスの数理
/7　量子コンピュータの進展
/8　発展する可積分系
/9　ヒルベルト
/10　現代数学の捉え方［解析編］
/11　最適化の数理
/12　素数の探究
2020 年/1　量子異常の拡がり
/2　ネットワークから見る世界
/3　理論と計算の物理学
/4　結び目的思考法のすすめ
/5　微分方程式の《解》とは何か
/6　冷却原子で探る量子物理の最前線
/7　AI 時代の数理
/8　ラマヌジャン
/9　統計的思考法のすすめ
/10　現代数学の捉え方［代数編］
/11　情報幾何学の探究
/12　トポロジー的思考法のすすめ
2021 年/1　時空概念と物理学の発展
/2　保型形式を考える
/3　カイラリティとは何か
/4　非ユークリッド幾何学の数理
/5　力学から現代物理へ
/6　現代数学の眺め
/7　スピンと物理
/8　《計算》とは何か
/9　数理モデリングと生命科学
/10　線形代数の考え方

SGC ライブラリ-171

気体液体相転移の古典論と量子論

國府 俊一郎 著

サイエンス社

まえがき

液体は地球上で普遍的に存在する身近な存在である．液体のおかげで物質は攪拌され，化学反応が起きて地球上に生命も生まれた．また気体と液体の間で凝縮あるいは蒸発の相転移が目まぐるしく起きるのは，我々が日常的に経験する現象である．しかし気体や固体に比べて液体の物理的な理解はまだ未開拓な段階にある．マクロな性質をミクロな世界の力学より説明する統計力学が生まれた時に，この気体と液体の相転移を説明する事が人々の脳裏に課題として浮かんだのは，自然な成り行きであった．気体が液体に相転移するならば，気体の圧力 P とその体積 V の関係 $P(V)$ は単調な減少関数ではなく，転移温度において特異な振る舞いを示すはずである．気体の状態方程式は以下のように表される．

$$P = k_B T \frac{\partial \ln Z_V(\mu)}{\partial V}. \qquad N = k_B T \frac{\partial \ln Z_V(\mu)}{\partial \mu}.$$

関数 $P(V)$ が転移温度で特異な振る舞いを示す時には，上式の右辺の大分配関数 $Z_V(\mu)$ が発散またはゼロになると予想される．粒子間の相互作用を取り入れて大分配関数を計算し，それが転移温度で発散することを示す理論は，1940 年のメイヤー夫妻の著書「Statistical Mechanics」にまとめられている．一方，1952 年にヤンとリーは気体から液体に至る完全な大分配関数が得られたなら，熱力学極限においてそれがゼロになる温度があり，気体の液体への転移が起きることを示した．（この仕事には，当時同じ研究所にいた最晩年のアインシュタインも強い関心を示したという．）しかし気体から液体に至る完全な大分配関数を現実的な模型について得るのは難しく，現実を単純化した格子模型などの場合にのみ具体的な結果が得られている．第 1 章では，古典気体の液体への相転移を解説した．また自然界では，完全な熱平衡状態が実現することは稀である．気体と液体の間では，準安定状態である過冷却気体や過熱液体が現れる．この準安定状態は大分配関数の一価性が転移温度付近で破れるために起きる．この現象は気体の液体への転移とも関連を持つので，これを現象論的に論じるランガーの理論も紹介する．

20 世紀に入って量子力学が成立し我々の物質観が大きな影響を受けると，この問題にも新たな側面が加わる．気体液体相転移は，量子統計の影響を強く受けた相転移としての性格を帯びた．これを量子気体液体相転移と呼んで古典気体に起きる気体液体相転移と区別して考える必要がある．しかし日常的に観察される古典気体の気体液体相転移ですら難しい問題であるのに，それのできない量子系の気体液体相転移は単に机上の議論であるか，あるいは古典系の気体液体相転移よりもはるかに難問であると見なされている．しかしこの量子気体液体相転移は，液体ヘリウム 4 を寒剤として使う低温物理の実験室では比較的身近に体験できる現象なのである．低温での物性測定の準備作業では，ヘリウム 4 の液化機から液体ヘリウム 4 を汲んで運び，デュワー瓶に入れる．液体ヘリウム 4 の上部の液面は気体ヘリウム 4 に接している．この飽和蒸気圧は液体の温度の敏感な関数であるので，マノメーターによりこの蒸気圧を調整すれば，液体ヘリウム 4 に浸かった試料の温度を制御する事ができる．この準備が済むと，実験者の関心は試料の物性測定の方に移る．しかしこの準備作業として利用する気体ヘリウム 4 の液化，および液体ヘリウム 4 の蒸発にこそ興味深い物理現象が起きていることを強調したい．超流動転移が起きる λ 点の温度と，気体が液体に転移する温度は極めて近い．故にこれはボース統計が強く支配する気体液体相転移であると言える．ボース統計の影響下では，マクロな数の粒子は同じ状態に揃う性質を示す．液体に転移する直前の気体ヘリウム 4 はまさにその状態にあり，コヒーレンスの発達した多体波動関数が生じている．この系の大分配関数には古典気体にはない単純な特徴が現れ，統計力学の問題として考察可能な対象になる．

第 3 章ではそのための準備として理想ボース気体の統計力学を解説する．その際に，この気体の大分配関数を座標空間での組合せ論を用いて求めるファインマンと松原による方法を紹介する．この方法で得られる最終の結果は，通常の教科書ではわずか数行で得られる運動量空間での説明と同じである．しかしこの座標空間での方法は，ボース統計に従う多体波動関数が温度の低下とともに徐々に多くの粒子を巻き込んでいく様子を示す点で興味深い．

第 4 章は本書の中心部分である．ここでは引力相互作用するボース気体の大分配関数を解説する．温度を下げていくと，引力相互作用により繋がった巨大なサイズの多体波動関数が運動量空間において生まれ，これが大分配関数の主要部分を占めるようになる．やがてボース凝縮温度の直上でこの大分配関数は発散し，気体の液体への相転移が起きる．古典気体の場合と異なるのは，「引力がいかに弱くても，λ 点の直上の温度でボース統計のために必ず液体への転移が起きる」という点である．

もう一方のフェルミ粒子系では，気体液体相転移はどう起きるであろうか? ヘリウム 3 でも気体液体相転移は起きる．しかし 1 気圧下でのこの転移温度 3.2 K は，フェルミ統計が支配する超流動転移の温度 2.8 mK よりも 1000 倍以上も高い．従ってどこまでこの気体液体相転移にフェルミ統計が影響しているかは明らかではない．むしろ古典気体の気体液体相転移に近い可能性がある．フェルミ気体では，低温度でも粒子はフェルミエネルギーという高いエネルギー準位までびっしりと詰まった状態にある．そこに不安定が起きるとすれば，それはフェルミエネルギー近傍から始まる．いかに弱い引力が働いても，フェルミ準位近くの粒子系にはクーパー不安定性が生じる事から考えると，液体への転移が起きるとすれば，クーパー対の発生がその引き金になるであろう．

第 5 章では引力相互作用するフェルミ気体の統計力学を説明する．よく知られているように，この問題は BCS 理論の提唱により画期的な進歩を遂げた．ただしこの BCS 理論は BCS 基底状態という巧みな状態から出発する変分理論の形をとっている．BCS 理論の成功はまさにこの基底状態の創案による訳であるが，同時に統計力学の標準的な定式化に沿っていないために，気体液体相転移などの他の重要な現象との繋がりが見えにくくなっている．これを明らかにする為には，BCS 理論の内容を大分配関数の形に書き換えなくてはならない．これを実行したのがゴーダンにより始まりランガーにより整備された方法であり，5.4 節ではこれを紹介する．この方法は特に実用的な結果を生み出すわけではないが，多体波動関数が温度の低下とともに徐々に多くの粒子を巻き込んでいく様子を示す点で興味深い．

第 6 章ではこの BCS 理論と等価な大分配関数を用いて，「BCS 理論の範囲内では引力をいかに強くしても，気体液体相転移は起きない」ことを，ヤンとリーの観点に沿って解説する．またフェルミ気体とボース気体ではその大分配関数の構造が大きく異なるために，引力相互作用するフェルミ気体では，液体への転移に繋がる不安定性を，ボース気体の場合のようには導けないことを説明する．

少し前の教科書では，気体が液体に相転移する現象を簡潔に凝縮と表現した．しかし今日では凝縮と聞けばまずボース凝縮を連想するのが普通であろう．また第4章ではボース凝縮温度の直上で起きる液体への相転移を扱い，両者はともに共通の原因であるボース統計により起きていることを論じた．そこでの用語の混乱を避けるために，本書では全て気体液体相転移で統一し，凝縮という表現は用いていない．

筆者がこれらの問題に関心を持ったのは，量子効果の支配する気体液体相転移の統計物理を明らかにしたいという動機からであった．そのために必要な予備知識や理論的背景なども含めて書き進めていくうちに，現在のような内容となった．出版に際しては，それを表に出した書名にした方が良いとの小嶋泉先生よりのお勧めもあり，現在の書名に落ち着いた．

第4章の組み合わせ数学の結果については，中村治先生にご教示を頂いた．「数理科学」編集部の大溝良平氏，平勢耕介氏と本書の出版にご尽力を頂いた方々に感謝いたします．

2021年5月

國府 俊一郎

目　次

第 1 章
古典気体の気体液体相転移

気体液体相転移は，古典物理の世界でも量子物理の世界でも起きる普遍的な現象である．我々が日常的に観察する通常の気体の液体への相転移（例えば水蒸気の水への凝縮など）は，比較的高温度で起きる現象なので，そこでは量子効果はあらわには現れない．この様な気体液体相転移は，古典物理学の昔からの課題であった．1.1 節では，平衡状態の統計力学の準備を行う．1.2 節では相互作用する古典気体の理論を復習する．古典気体の状態方程式は，その大分配関数を用いて表される．この古典気体が，低温で液体へと凝縮する為には，その大分配関数はどの様な性質を持たねばならないのかを調べよう．1.3 節で解析関数の性質を確認した後，1.4 節では，大分配関数の複素平面上の解析的性質に注目して，気体が低温で示す振る舞いを分類し，気体液体相転移の定義を述べる．1.5 節では，具体的なモデルについて大分配関数をメイヤーらの方法に従って求め，古典気体の中に潜む液体への不安定性を説明する．これにより，我々が日常に経験する気体液体相転移を，微視的に理解する第一歩を得る．ただし我々は，完全な熱平衡状態にある世界で生活している訳ではない．むしろ日常で観察するのは，準安定な状態あるいは非平衡現象である．1.6 節では，古典気体の準安定な状態を扱う現象論を紹介し，液滴模型との関係を述べる．

1.1 平衡状態の統計力学の準備

我々は日常的に摩擦のある世界で生活している．17 世紀に力学が生まれる為には，摩擦のない仮想的な世界を考えて慣性の法則を把握する事が必要であった．摩擦のある現実の世界はそれからのずれとして理解される．それに続く 18～19 世紀に，熱が出入りする現象が研究された際にも，同様の歴史が繰り返された．考察する対象に出入りする熱は，対象の状態を表す物理量ではなく，対象が同じ状態に達しても，出入りする熱はその経過ごとに異なる．これを理解する為には，熱平衡を保ちながら変化が無限にゆっくり進行するという準静的過程を考え，これに従う仮想的な世界を想定する事が必要であった．この仮想的な世界でのみ熱現象の論理的な理解が可能になり，現実の世界はそれからのずれとして理解される．対象の状態を表す物理量として重要なのは，エントロピーである．このエントロピーという概念が熱現象より引き出された背後には，18 世紀から 19 世紀にかけての長い探求の歴史があった[1]．ここではそれらを全て捨象し，以下の議論に必要な平衡状態の統計力学の骨格だけを簡潔に述べる．

1.1.1　カノニカル分布

2 つの系が熱的に接触し，各々がエネルギー E_1 と E_2 を持つが全エネルギー $E_1 + E_2$ は一定である状況を考えよう．やがて熱平衡に達して，エネルギーの分布が E_1^* と E_2^* に変化したとする．この分布はどの様な性質を持つであろうか? エネルギーが E を中心とした幅 ΔE の間にある系の「場合の数」を，$W(E) = \Omega(E)\Delta E$ としよう．ここで $\Omega(E)$ は，系の状態密度である．全エネルギー $E = E_1 + E_2$ を，2 つの系に分配する場合の数 $W_{1+2}(E) = \Omega_{1+2}(E)\Delta E$ は，各々の場合の数 $\Omega_1(E_1)\Delta E$ と $\Omega_2(E_2)\Delta E$ を用いて

$$\Omega_{1+2}(E) = \int_0^E \Omega_1(E')\Omega_2(E-E')dE' \tag{1.1}$$

と表される．熱平衡分布 (E_1^*, E_2^*) は，この積分に最大の寄与をする．被積分関数の対数を取り，E' の関数としての極大を探そう．

$$\frac{d}{dE'}\ln[\Omega_1(E')\Omega_2(E-E')] = \frac{d}{dE_1}\ln\Omega_1(E_1) - \frac{d}{dE_2}\ln\Omega_2(E_2) \tag{1.2}$$

がゼロになる分布が，熱平衡分布 (E_1^*, E_2^*) である．故に

$$\left(\frac{d}{dE_1}\ln\Omega_1(E_1)\right)_{E_1^*} = \left(\frac{d}{dE_2}\ln\Omega_2(E_2)\right)_{E_2^*} \tag{1.3}$$

を得る．この等式を，「2 つの異なる温度の物体を接触させると，両方の温度が等しくなる状態に達する」という我々の日常の経験と対応させると，両辺は（絶対）温度の関数であろうと推定される．エネルギーの総量が少ない時は，その系に実現する「場合の数」はエネルギーの増加とともに急激に増大するが，やがてその変化は緩慢になると想像される．故に上の両辺は絶対温度の減少関数であろう．そのうち最も簡単なのは反比例

$$\frac{d\ln\Omega(E)\Delta E}{dE} = \frac{1}{k_BT} \tag{1.4}$$

である．ここで k_B は，エネルギーの次元を持つ比例定数である．これより，(1.3) とは熱平衡の条件 $T_1 = T_2$ になる．エントロピー

$$S = k_B \ln W_{1+2}(E) \tag{1.5}$$

なる量を定義すると，上の結果は，「孤立した系の熱平衡状態とは，全エントロピー S が極大になる状態である」と表される．「場合の数」は (1.1) に見る様に相加的な量ではないが ($\Omega_{1+2} \neq \Omega_1 + \Omega_2$)，その対数を取ったエントロピーは相加的な量である ($S_{1+2} = S_1 + S_2$)．また (1.4) より $dS/dE = 1/T$ を満たす．

1.1.1.1　自由エネルギー

上記のエネルギーは内部エネルギーであったが，これを改めて U と表し，系の全エネルギーを E で表そう．外部から圧力 P が加わり体積の変化 dV が起きたとすると，系の全エネルギーの変化 dE は，$dE = TdS - PdV$ である．

考察の対象である系 1 が，はるかに大きな熱浴である系 2 に囲まれていて，両者は一つの閉じた系を成しているとしよう．熱平衡状態はエントロピーより以下の様に決まる．全エントロピー S_t は，考えている系のエントロピー S_1 と熱浴のエントロピー S_2 の和 $S_t = S_1 + S_2$ である．熱平衡状態は，全エントロピーが最大になる様に $dS_t = dS_1 + dS_2 = 0$ を要求して決まる．両者の間には，熱的平衡と力学的平衡が成り立っていて，熱浴の熱力学変数の間には $dE_2 = TdS_2 - PdV_2$ という関係がある．全エネルギーと全体積は一定（$dE_1 + dE_2 = 0$ かつ $dV_1 + dV_2 = 0$）なので，熱浴のエントロピー S_2 の変分を，考えている系の変数だけを用いて

$$dS_2 = \frac{dE_2 + PdV_2}{T} = \frac{-dE_1 - PdV_1}{T} \tag{1.6}$$

と表す事が出来る．これを用いると，全エントロピー S_{1+2} の変分は対象である系 1 の変数だけを用いて

$$dS_{1+2} = dS_1 - \frac{dE_1 + PdV_1}{T} \tag{1.7}$$

と表される．故に，熱平衡 $dS_{1+2} = 0$ という条件は

$$dS_{1+2} = d\left(S_1 - \frac{E_1 + PV_1}{T}\right) = 0 \tag{1.8}$$

で与えられる．これは $S_1 - (E_1 + PV_1)/T$ の極大値，すなわち $E_1 + PV_1 - TS_1$ $(\equiv F)$ という量の極少値を実現する状態が熱平衡状態である事を意味する．この熱浴をも考慮した量 $F = E + PV - TS$ がヘルムホルツの自由エネルギーであり，これは考えている系の変数のみで表されている．熱平衡状態とは，考えている系の自由エネルギー F が極少になる状態である．

(1.1) の被積分関数 $\Omega_1(E')\Omega_2(E - E')$ 中の $\Omega_2(E - E')$ は

$$\begin{aligned}\Omega_2(E - E_1) \propto \frac{\Omega_2(E - E_1)}{\Omega_2(E)} &= \exp\left(\ln \frac{\Omega_2(E - E_1)}{\Omega_2(E)}\right) \\ &= \exp\left(\frac{1}{k_B} S_2(E - E_1) - \frac{1}{k_B} S_2(E)\right)\end{aligned} \tag{1.9}$$

と書ける．系 2 が系 1 よりも圧倒的に大きい ($E_1 \ll E$) 場合には，その指数部を E_1 について展開すると，

$$\exp\left(\frac{1}{k_B}\frac{\partial S_2(E-E_1)}{\partial E_1}E_1 + \frac{1}{2k_B}\frac{\partial^2 S_2}{\partial E_1^2}E_1^2 + \cdots\right) \tag{1.10}$$

となる．その最低次のみを取り，$\partial S_2(E-E_1)/\partial E_1 = -\partial S_2/\partial E_2 = -1/T$ に注意すると，対象がエネルギー E_1 をこの熱浴の中で持つ時の「場合の数」は

$$\Omega_1(E_1)\Delta E \exp\left(-\frac{E_1}{k_BT}\right) \tag{1.11}$$

に比例する．このうち場合の数 $\Omega_1(E_1)\Delta E$ は考える対象に依存するが，この対象が熱浴の中でエネルギー E_1 を持つ確率，

$$P(E_1) = A\exp\left(-\frac{E_1}{k_BT}\right) \tag{1.12}$$

は普遍的な量である．全確率は $\sum_i P(E_i) = 1$ を満たすので，比例定数は

$$A = \left[\sum_i \exp\left(-\frac{E_i}{k_BT}\right)\right]^{-1} \tag{1.13}$$

と決まる．

対象が N 個の粒子を含み，そのうちの $NP(E_i)$ 個がエネルギー E_i を持つとすると，この対象が持つエントロピーは

$$S_1 = k_B \ln W_1(E_1) = k_B \ln \frac{N!}{\Pi_i[NP(E_i)]!} \tag{1.14}$$

である．大きな N についての近似式 $N! \simeq N(\ln N - 1)$ を用いると

$$S_1 = -k_B \sum_i P(E_i) \ln P(E_i) \tag{1.15}$$

を得る．この式の対数の中に $P(E_i) = A\exp\left(-\frac{E_i}{k_BT}\right)$ を代入して，エネルギーの平均値 $\langle E_1\rangle = \sum_i E_iP(E_i)$ を用いると，エントロピー S_1 の平均値は

$$\langle S_1\rangle = -k_B \ln A + \frac{\langle E_1\rangle}{T} \tag{1.16}$$

である．この $\langle S_1\rangle$ を用いると，対象のヘルムホルツの自由エネルギー $\langle F\rangle = \langle E_1\rangle - T\langle S_1\rangle$ は，

$$\langle F\rangle = -k_BT \ln\left[\sum_i \exp\left(-\frac{E_i}{k_BT}\right)\right] \tag{1.17}$$

となる．この対数に含まれる

$$Z = \sum_i \exp\left(-\frac{E_i}{k_BT}\right) \tag{1.18}$$

を，状態和または分配関数と呼ぶ．

1.1.2 グランド カノニカル 分布

これまでは 2 つの系の間でエネルギーのみが遣り取りされる場合を考えたが，粒子も遣り取りされる場合に (1.1) を拡張しよう．エネルギーは省略して粒子数のみを書くと，$N = N_1 + N_2$ に対して場合の数は

$$W_{1+2}(N) = \sum_{N_1} W_1(N_1) W_2(N - N_1) \tag{1.19}$$

となる．この時の熱平衡状態 (N_1^*, N_2^*) とは，場合の数 $W_1(N_1)W_2(N - N_1)$ が N_1 について極大になる状態である．これの対数を取り変分を行うと

$$\frac{\partial}{\partial N_1} \ln[W_1(N_1)W_2(N - N_1)] = \frac{\partial}{\partial N_1} \ln W_1(N_1) + \frac{\partial}{\partial N_1} \ln W_2(N - N_1) \tag{1.20}$$

となる．右辺第 2 項を $N_2 = N - N_1$ の変分に直すと，極大の条件として

$$\left(\frac{\partial}{\partial N_1} \ln W_1(N_1)\right)_{N_1^*} = \left(\frac{\partial}{\partial N_2} \ln W_2(N_2)\right)_{N_2^*} \tag{1.21}$$

を得る．粒子が外部に流出する傾向の強さを表す量が，化学ポテンシャル μ である．化学ポテンシャルが異なる 2 つの系が粒子の遣り取りをすると，両方の化学ポテンシャルが等しくなる状態 $(\mu_1 = \mu_2)$ に到達する．化学ポテンシャルが高いほど粒子が系 1 から逃げ出す傾向は強く，その系が持つ場合の数は大きく減少すると考えるのが自然である．そこで，(1.21) の両辺は μ に比例するとする．エントロピーを改めて $S(E, N) = k_B \ln W(E, N)$ と定義すると，(1.21) の両辺は

$$\frac{\partial S}{\partial N} = -\frac{\mu}{T} \tag{1.22}$$

と解釈出来る．エネルギーと粒子の両方が出入りして到達する状態では，$T_1 = T_2$ かつ $\mu_1 = \mu_2$ である．

1.1.2.1 熱力学ポテンシャル

熱力学量の関係 $dE = TdS - PdV$ は，粒子の出入りを含む場合には $dE = TdS - PdV + \mu dN$ と拡張される．これに対応してヘルムホルツの自由エネルギー $F = E - TS$ を拡張して $F_g = E - TS - \mu N$ とすると，$dF_g = -SdT - PdV - Nd\mu$ となる．

ここで再び系 2 が系 1 よりも圧倒的に大きい $(N_1 \ll N)$ とし，これを粒子浴と呼ぼう．粒子の出入りによる系 2 のエントロピーの変化 dS_2 は，全粒子数一定の条件 $dN_1 = -dN_2$ と，平衡状態の条件 $\mu_1 = \mu_2$ を用いると，

$$dS_2 = \frac{dE_2 - \mu_2 dN_2}{T} = \frac{-dE_1 + \mu_1 dN_1}{T} \tag{1.23}$$

と表す事が出来る．これより，エネルギーと粒子の遣り取りによる全エントロ

ピー S_{1+2} の変分は，考えている系 1 の変数だけを用いて

$$dS_{1+2} = d\left(S_1 - \frac{E_1 - \mu N_1}{T}\right) = d\left(\frac{TS_1 - E_1 + \mu N_1}{T}\right) \tag{1.24}$$

となる．再び S_{1+2} の極大の条件 $dS_{1+2} = 0$ を，$E_1 - TS_1 - \mu N_1 \equiv F_g$ の極小の条件と読み換える．(1.9) を粒子の遣り取りを含む場合に拡張すると

$$\begin{aligned}\Omega_2(E - E_1, N - N_1) &\propto \frac{\Omega_2(E - E_1, N - N_1)}{\Omega_2(E, N)} \\ &= \exp\left(\ln \frac{\Omega_2(E - E_1, N - N_1)}{\Omega_2(E, N)}\right) \\ &= \exp\left(\frac{1}{k_B} S_2(E - E_1, N - N_1) - \frac{1}{k_B} S_2(E, N)\right)\end{aligned} \tag{1.25}$$

であるが，最後の指数部にあるエントロピーの差を N_1 と E_1 で展開して最低次の項のみを取ると

$$\frac{\Omega_2(E - E_1, N - N_1)}{\Omega_2(E, N)} = \exp\left(-\frac{1}{k_B}\frac{\partial S_2}{\partial E_2}E_1 - \frac{1}{k_B}\frac{\partial S_2}{\partial N_2}N_1 + \cdots\right) \tag{1.26}$$

である．これより対象がエネルギー E_1，粒子 N_1 を持つ「場合の数」は

$$\Omega_1(E_1, N_1)\Delta E \exp\left(-\frac{E_1 - \mu N_1}{k_B T}\right) \tag{1.27}$$

である．全確率が $\sum_{N=1}^{\infty}\sum_E P(E, N) = 1$ を満たす様に，対象がエネルギー E_1，粒子 N_1 を持つ確率を求めると

$$P(E_1, N_1) = \frac{1}{Z_g}\exp\left(-\frac{E_1 - \mu N_1}{k_B T}\right) \tag{1.28}$$

となる．ここで Z_g

$$Z_g \equiv \sum_{N_1=1}^{\infty}\sum_{E_1}\exp\left(-\frac{E_1 - \mu N_1}{k_B T}\right) \tag{1.29}$$

は，大きな状態和または**大分配関数**と呼ばれる．この $P(E_1, N_1)$ を，エントロピーの定義 (1.15) の対数の中に用いると

$$\langle S\rangle = k_B \ln Z_g + \frac{\langle E\rangle - \mu\langle N\rangle}{T} \tag{1.30}$$

を得る．これと $F_g = E - TS - \mu N$ を比べると，自由エネルギーは

$$F_g = -k_B T \ln Z_g \tag{1.31}$$

と表される．これは T, V, μ の関数であり，熱力学ポテンシャルと呼ばれる．圧力と粒子数は $dF_g = -SdT - PdV - Nd\mu$ より

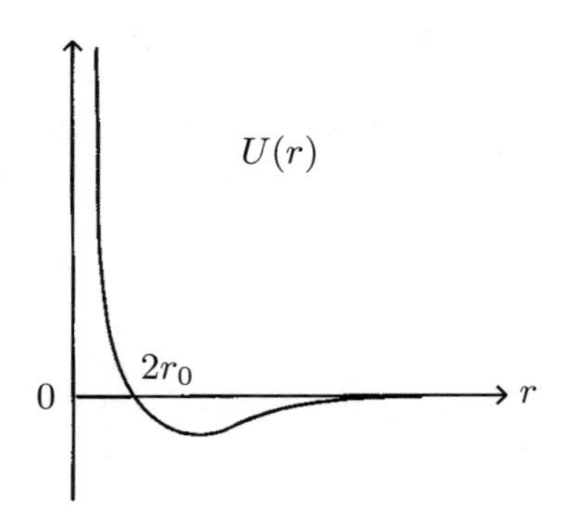

図 1.1　ヘリウム 4 原子間の相互作用ポテンシャル $U(r)$.

$$P = k_B T \frac{\partial \ln Z_g}{\partial V}, \tag{1.32}$$

$$N = k_B T \frac{\partial \ln Z_g}{\partial \mu} \tag{1.33}$$

である．この両式は物質の状態に依らない一般的な関係である．しかし現実の問題として，大分配関数 Z_g を微視的に計算出来るのは気体の場合に限られる事が多いので，この両式は気体の状態方程式と呼ばれている．理想気体の状態方程式 $PV = nRT$ は，統計力学成立以前の早くから知られた理想化された関係式であるが，熱現象の理解を深める上で大きな役割を果たした．この $PV = nRT$ をその 1 部として含む一般的な状態方程式が得られた後は，現実の気体が示す $PV = nRT$ からのずれを，粒子間の相互作用を考えて説明する事が，統計力学の 1 つの課題になった．さらに，この一般的な状態方程式が果たして「気体が液体に相転移する仕組みを説明出来るか?」という方向へと人々の問題意識が向かうのは，必然的な流れであったと言える．

1.2　古典気体の理論

1.2.1　状態方程式

以下の様なハミルトニアンを持つ非理想気体を考える．

$$H = \sum_{i}^{N} \frac{1}{2m} p_i^2 + \sum_{i<j}^{N} U(r_{i,j}). \tag{1.34}$$

相互作用ポテンシャル $U(r)$ は図 1.1 に示される様な形を持ち，N 個の粒子が体積 V にとじ込められているとしよう．この系の状態方程式は以下の様に表される．

$$P = k_B T \frac{\partial \ln Z_V(\mu)}{\partial V}, \tag{1.35}$$

$$N = k_B T \frac{\partial \ln Z_V(\mu)}{\partial \mu}. \tag{1.36}$$

ここで $Z_V(\mu)$ は大分配関数であり，Z_g を改めて $Z_V(\mu)$ と表記した．

古典気体の大分配関数 $Z_V(\mu)$ は次式で与えられる．

$$Z_V(\mu) = \sum_n^{\infty} \frac{1}{n!} \int \exp\left(-\frac{E_n(p,q) - \mu n}{k_B T}\right) d\Gamma_n. \tag{1.37}$$

ここで $d\Gamma_n$ は位相空間での $6n$ 個の変数 $(p_1, \ldots, p_n, q_1, \ldots, q_n)$ についての微小部分であり，$E_n(p,q)$ は n-体系のエネルギー，例えば

$$E_1(p,q) = \frac{1}{2m}p^2, \quad E_2(p,q) = \sum_i^2 \frac{1}{2m}p_i^2 + U_{12},$$
$$E_3(p,q) = \sum_i^3 \frac{1}{2m}p_i^2 + U_{123}, \qquad \ldots \tag{1.38}$$

である．$U_{1\cdots n}$ は n 個の粒子の相互作用を表し，例えば U_{123} は $U_{12}+U_{23}+U_{31}$ である．これは粒子の位置 q_i にのみ依存するので，(1.37) の $d\Gamma_n$ のうち，各々の運動量 p_i についての積分を先に実行する事が出来る．新しい変数 ξ を

$$\xi \equiv \exp\left(\frac{\mu}{k_B T}\right) \int \exp\left(-\frac{p^2/(2m)}{k_B T}\right) \frac{dp^3}{(2\pi\hbar)^3}$$
$$= \left(\frac{m k_B T}{2\pi\hbar^2}\right)^{3/2} \exp\left(\frac{\mu}{k_B T}\right) \tag{1.39}$$

の様に定義し，Z_V を ξ の関数とする．この ξ は絶対温度 T での粒子の運動を反映した量である．すると $Z_V(\xi)$ は以下の様に ξ の冪の形に展開される．

$$Z_V(\xi) = 1 + \xi V + \frac{1}{2!}\xi^2 \int \exp\left(-\frac{U_{12}}{k_B T}\right) dV_1 dV_2$$
$$+ \frac{1}{3!}\xi^3 \int \exp\left(-\frac{U_{123}}{k_B T}\right) dV_1 dV_2 dV_3 + \cdots. \tag{1.40}$$

相互作用 $U_{1\cdots n}$ は粒子の相対座標にのみ依存しているので，これより積分の多重度は更に $dV_1 \cdots dV_n \to V dV_2 \cdots dV_n$ の様に 1 つだけ減る．相互作用 U は長距離では強く減衰するので，(1.40) の右辺を極限 $V \to \infty$ で見ると，$Z_V(\xi)$ は $V \to \infty$ で V に比例する様になる．故に状態方程式 (1.35) は，$V \to \infty$ では

$$\frac{P}{k_B T} = \lim_{V \to \infty} \frac{\ln Z_V(\xi)}{V} \tag{1.41}$$

となる．また状態方程式 (1.36) の μ での微分を，(1.39) を用いて ξ での微分に書き直して

$$\rho = \lim_{V \to \infty} \xi \frac{\partial}{\partial \xi} \left(\frac{\ln Z_V(\xi)}{V}\right) \tag{1.42}$$

を得る．気体液体転移の転移温度では，圧力 P と密度 ρ は ξ の関数として特異な振る舞いを示す．

ここで ξ^n の係数が n 体相互作用のみを表す様に，この $Z_V(\xi)$ の摂動展開を書き直そう．

(1) 相互作用がない時は，(1.40) は理想気体の大分配関数に一致せねばならない．これが理想気体の Z_V の摂動展開である為には，ξ^n の係数は $U_{1\cdots n}=0$ の時は，すべての n についてゼロでなければならない．

(2) ξ^n の係数は，n 個の粒子が 1 点で出会う時のみゼロ以外の値を取ると定義すると，以下では議論の見通しが良くなる．この為には，n-体衝突だけを残して m-体衝突 $(m<n)$ からの寄与を除く様に，ξ^n の係数を再定義するのがよい．

これらを満たす様に，$Z_V(\xi)$ の展開を，以下の様に並べ替えよう．

$$Z_V(\xi)=1+V\sum_{n=1}^{\infty}\frac{J_n}{n!}\xi^n. \tag{1.43}$$

ここで J_n は

$$J_1=1,\quad J_2=\int\left[\exp\left(-\frac{U_{12}}{k_BT}\right)-1\right]dV_2, \tag{1.44}$$

$$\begin{aligned}J_3=&\int dV_2dV_3\left[-\exp\left(-\frac{U_{12}}{k_BT}\right)-\exp\left(-\frac{U_{23}}{k_BT}\right)-\exp\left(-\frac{U_{31}}{k_BT}\right)\right]\\&+\int dV_2dV_3\left[\exp\left(-\frac{U_{123}}{k_BT}\right)+2\right]\end{aligned} \tag{1.45}$$

などの形をしている．n-体衝突の可能性は，n が増えるにつれて急速に減るので，J_n は n の減少関数である．故に，$Z_V(\xi)$ の ξ についての冪展開は収束すると期待出来る．(1.43) を，状態方程式 (1.41) (1.42) に用いると，圧力 P と粒子数 N は，以下の様に ξ の冪で展開される

$$P=k_BT\sum_{n=1}^{\infty}\frac{J_n}{n!}\xi^n, \tag{1.46}$$

$$N=V\sum_{n=1}^{\infty}\frac{J_n}{(n-1)!}\xi^n. \tag{1.47}$$

これが，古典気体の状態方程式を構成する．

1.2.2 ビリアル係数

理論と実験を比較する為には，観測量 P, V, N, T だけで表された状態方程式が必要である．$n=1$ の場合には，(1.46) と (1.47) より理想気体の状態方程式

$$P=k_BT\xi,\quad N=V\xi,\quad 故に\quad P=\frac{N}{V}k_BT \tag{1.48}$$

を得る．$n=2$ の場合には，次の状態方程式が現れる．

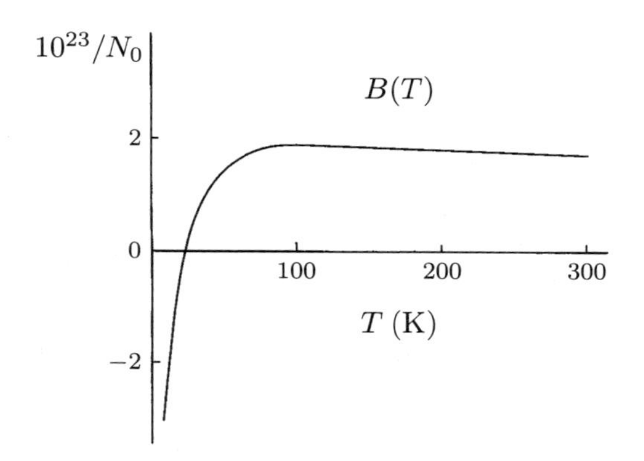

図 1.2 気体ヘリウム 4 の第 2 ビリアル係数 $B(T)$ の温度依存性.

$$P = k_B T\left(\xi + \frac{J_2}{2}\xi^2\right), \quad N = V\left(\xi + J_2\xi^2\right). \tag{1.49}$$

これから以下の様に ξ を消去すると

$$\frac{P}{k_B T} = \left(\xi + J_2\xi^2\right) - \frac{J_2}{2}\xi^2 \simeq \frac{N}{V} - \frac{J_2}{2}\left(\frac{N}{V}\right)^2, \tag{1.50}$$

なので，$P/k_B T = N/V$ に対する 1 次補正が得られる.

$$\frac{P}{k_B T} = \frac{N}{V}\left[1 + B(T)\frac{N}{V}\right], \quad B(T) = -\frac{J_2}{2}. \tag{1.51}$$

同様にして 2 次補正をした状態方程式

$$\frac{P}{k_B T} = \frac{N}{V}\left[1 + B(T)\frac{N}{V} + C(T)\left(\frac{N}{V}\right)^2\right], \quad C(T) = (J_2)^2 - \frac{J_3}{3} \tag{1.52}$$

を得る.

ここで $B(T)$ と $C(T)$ を，それぞれ第 2，第 3 ビリアル係数と呼び，この展開をビリアル展開と呼ぶ．これより P–V 曲線を得る事が出来る.

粒子間の相互作用が，P–V 曲線にどう影響するか? は，係数 $B(T)$ 中の関数 $U_{12}(r)$

$$B(T) = \frac{1}{2}\int\left[1 - \exp\left(-\frac{U_{12}(r)}{k_B T}\right)\right] dV_2 \tag{1.53}$$

から，直観的に理解する事が出来る．ここで $U_{12}(r)$ の形を，図 1.1 の様に，斥力コアと弱い長距離の引力と仮定しよう.

(1) 高い温度では，$B(T)$ の中の被積分関数は，斥力コア $(0 < r < 2r_0)$ では $1 - \exp(-U_{12}/k_B T) = 1$ と，長距離部分 $(2r_0 < r)$ ではゼロと近似する事が出来る．故に，高温度では斥力コアの為に $B(T) > 0$ である.

(2) 温度を下げていくと，負の U_{12} によって $\exp(-U_{12}/k_BT)$ は，正の大きな値を持ち，$1-\exp(-U_{12}/k_BT)<0$ なので $B(T)<0$ が成り立つ．すなわち斥力コアよりも長距離部分の寄与が支配的になる．

図 1.2 に，気体ヘリウム 4 の第 2 ビリアル係数 $B(T)$ を図示する．この $B(T)$ が，P–V 曲線に与える影響を見よう．高温度では，粒子間相互作用の斥力部分が $B(T)>0$ をもたらし，(1.52) において気体の圧力を増やす．低温度では，引力部分が $B(T)<0$ を通じて気体の圧力を減らす．気体を冷却していくと，この傾向は液体への転移温度まで続いていく．

実験と比較する為には，このビリアル展開 (1.52) は便利である．しかし，理論的考察の為には，むしろ $Z_V(\xi)$ の ξ での冪展開 (1.43) の方が便利である．ヤンとリーは，ξ を複素変数 z と見なして解析関数 $Z_V(z)$ を考え，この $Z_V(z)$ が実数軸上で取る値が現実の気体の $Z_V(\xi)$ である，と解釈した．$Z_V(z)$ の解析関数としての性質は，気体液体相転移についての有用な理論的見通しを与える．

1.3 解析関数の性質

大分配関数 $Z_V(z)$ の複素平面上での振る舞いを調べる為に，ここで解析関数の性質をまとめよう．解析関数は，実関数の変数を複素数に一般化して得られる．しかし，この関数は実関数には見られない性質を持つ，本質的には実関数とは異なる関数である．この差異は，「微分可能」という言葉の意味の違いに起因する．実関数では，「微分可能」とは，任意の点 x_0 において関数 $f(x)$ の勾配の値が，x が実軸上の右から x_0 に近づいても左から近づいても，同じ値 $f'(x_0)$ に収束する事を意味している．それに対して，解析関数 $f(z)$ では，条件

$$\lim_{z\to z_0}\frac{f(z)-f(z_0)}{z-z_0}=f'(z_0) \tag{1.54}$$

は，複素平面上で，どの方向から z が z_0 に近づいても，同じ値 $f'(z_0)$ に収束する事を意味している．これは，実関数での「微分可能」に比べて，はるかに強い条件である．実関数 $f(x)$ では，2 つの異なる点 x_1 と x_2 での値 $f(x_1)$ と $f(x_2)$ は，関数が連続でさえあれば自由に選べるのに対して，解析関数では，複素平面上の 2 つの異なる点 z_1 と z_2 での値 $f(z_1)$ と $f(z_2)$ は自由には選べず，この「微分可能」の条件の為に密接に関係し合っている．この局所的性質についての強い条件は，その大局的性質をも支配している．これを見る為には，解析関数の積分を考えるのがよい．

複素変数についての積分は，実関数の積分とは異なる意味を持っている．複素変数についての積分は，α から β への経路 C に沿って

$$\int_{\alpha}^{\beta} f(z)dz = \lim_{n\to\infty}\sum_{i=0}^{n-1} f(z_i)(z_{i+1}-z_i), \tag{1.55}$$

の様に定義される．ここで $z_{i+1}-z_i$ は長さではなく，2 つの複素数の差である．故に $f(z_i)(z_{i+1}-z_i)$ は，単に $|z_{i+1}-z_i|$ に $|f(\xi_i)|$ を掛けて得られる数ではなく，それを $\arg[z_{i+1}-z_i]+\arg[f(z_i)]$ だけ回転して得られる複素数である．故に (1.55) の右辺は，その様な複素数の和の結果である．実変数についての積分が面積の意味を持つのに対して，解析関数 $f(z)$ の積分は経路 C に沿っての $f(z)$ の平均的振る舞いを表している．この意味で，異なった点 z での $f(z)$ が密接に関係しているという解析関数の特質は，その積分に印象的な形で現れる．

α から β への経路 C に沿っての解析関数の積分は，2 つの端点 α と β だけで決まり，その間の経路には依らない．そこで以下の結果を得る．

（コーシーの定理）

正則領域内では，解析関数の閉じた経路 C に沿っての積分は零である．

$$\int_c f(z)dz = 0. \tag{1.56}$$

例外は $f(z)=1/(z-z_0)$ の場合である．すなわち

$$\int_c \frac{1}{z-z_0}dz = 2\pi i. \tag{1.57}$$

解析関数はゆるやかに変化するので，z_0 のまわりの閉じた小さなループ上の $f(z)$ は，定数 $f(z_0)$ と見なしてもよい．故に

$$\int_c \frac{f(z)}{z-z_0}dz = f(z_0)\int_c \frac{1}{z-z_0}dz = 2\pi i f(z_0). \tag{1.58}$$

すなわち

$$f(z_0) = \frac{1}{2\pi i}\int_c \frac{f(z)}{z-z_0}dz \tag{1.59}$$

を得る．$f(z)$ の z_0 での値は，$f(z)$ の z_0 の周りの平均的振る舞いで決まる．

大分配関数 $Z_V(z)$ が z の解析関数であるならば，気体液体転移に繋がる $Z_V(\xi)$ の実軸上の振る舞いをより広い観点から眺める事が出来る．この為に有用な性質をここにまとめよう．

（一致の定理）

実関数ではたとえ $f(x)$ が $g(x)$ に $[a,b]$ の範囲で一致しても，$f(x)$ は他の領域では常に $g(x)$ に一致する訳ではない．しかし解析関数では，もし $f(z)$ が $g(z)$ に正則領域 R 内の経路 C 上で一致するならば，$f(z)$ は R の全領域で $g(z)$ に一致する．

（リューヴィユの定理）

もし全複素平面上で $|f(z)| \leq f_M$ を満たす定数 f_M が存在するならば，解析関数 $f(z)$ は定数でなければならない．

何故ならば (1.59) において，その経路 C は任意の点 z_0 で半径 R の円で囲まれているので，上記の f_M が存在するならば

$$
\begin{aligned}
|f'(z_0)| = \left|\frac{1}{2\pi i}\int_c \frac{f(z)}{(z-z_0)^2}dz\right| &\leq \frac{f_M}{2\pi}\int_c \frac{1}{|\xi - z_0|^2}d|\xi| \\
&\leq \frac{f_M}{2\pi}\frac{2\pi R}{(R-|z_0|)^2},
\end{aligned}
\tag{1.60}
$$

が成り立ち，$R \to \infty$ では $|f'(z)| \to 0$ となり，この $f(z)$ は定数である．

このリューヴィユの定理の対偶より，『定数でない解析関数は，$|z| \to \infty$ において有界であっても，それは複素平面上のどこかで特異点（極）を持つ．』実関数の場合は $|x| \to \infty$ で有界であれば $-\infty < x < \infty$ のどこでも有限であり得るのに対して，複素平面上のどこかで必ず極を持つというのは解析関数にしか見られない顕著な性質である．言い換えれば，解析関数は強すぎる拘束条件（例えば一致の定理）に従っているので，複素平面上のどこかで破局的な振る舞いをして（特異点），過度の要求を打ち消していると見なす事が出来る．$f(z)$ の特異性は複素平面上のどこかで起きているが，それは物理現象を表す実軸上の $f(x)$ の振る舞いにも，直接的または間接的に影響を及ぼしている．これが物理学者が $f(z)$ の複素平面上の極の振る舞いに関心を向ける理由である．

1.4　気体液体相転移

我々の日常生活では，液体を気体から当然の様に区別している．しかし対称性の観点からだけでは，液体を気体からはっきりと区別する事は出来ない．1.2 節のビリアル展開を導くに際しては，我々は密度 N/V が小さいという点を除けば液体でなくて気体であるという特徴をなんら使っていない．もし完全な大分配関数が得られたなら，気体について導いた状態方程式 (1.46) と (1.47) は，液体をも記述するであろう．統計物理では，すべての巨視的な量は，比率 N/V を一定に保ったまま $V \to \infty$，$N \to \infty$ とした極限で定義される．これを熱力学的極限と呼ぶ．この極限は数学的には明確に定義された概念であり，物理的にも意味のある結果を与える．例えばヘルムホルツの自由エネルギー F は，温度，密度などの熱力学変数の 1 価関数になる．しかし，こうした熱力学変数がある特別な値を取る時，例外的に自由エネルギー F の熱力学的極限が 2 つあるいはそれ以上の異なる関数を与える事がある．この場合，大分配関数の極限値 $\lim_{V\to\infty} Z_V(\mu)$ が与える関数のうちの 1 つが気体であり，もう 1 つが液体である．この熱力学変数の特別な値の両側で相図は気体と液体に別れ，その境界で熱力学的量は特異な振る舞いを示す．もし非理想気体の理論の延長

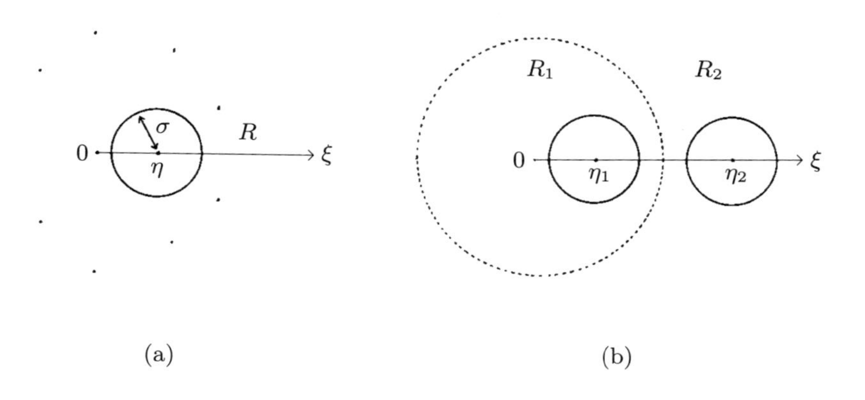

図 1.3　$Z_V(z)$ の零点の複素平面上の分布の模式図．(a) 有限の V の場合，と (b) 熱力学的極限の場合．(a) での散らばった点は (b) では密に詰まったリングに変化し，領域 R_1 を R_2 から分ける．

線上に多体系の完全な理論が得られたならば，その熱力学的極限は相図の異なる領域で気体と液体を記述し，その境界で起きる気体液体相転移をも説明するはずである．（相転移における熱力学的極限の重要性は 1930 年代に H.A. クラマースにより強調された[2]．）ここでは，この完全な理論を求めようとする代わりに，もしこの様な理論が得られたとすれば，それからどの様な理論的見通しが得られるか? を論じよう．

1.4.1　複素平面上の大分配関数の零点

一般に多体問題においては，大分配関数 $Z_V(\xi)$ の厳密な解を得るのは困難である．しかし相互作用を単純化するならば，大分配関数 $Z_V(\xi)$ の閉じた形を得るのに成功する事がある．この様な場合 (1.41) と (1.42) の圧力 P と密度 ρ は

$$Z_V(\xi_c) = 0 \tag{1.61}$$

の根 ξ_c で発散するであろう．これをより視覚的に掴む為にヤンとリーは変数 ξ を複素数にして，大分配関数 $Z_V(\xi)$ を複素変数 z の解析関数と定義し直した．ただし相転移に伴う特異性は，z の実軸上で起きねばならない．（ここからは，ξ は複素 z 平面での実軸上の値を意味するとしよう．）この実軸上の $Z_V(\xi) = 0$ が複素 z 平面に埋め込まれていると見るならば，それは解析関数に対する条件と解釈する事が出来る．これより複素平面上の大分配関数より見た気体液体相転移についての見通しを得る[3][4]．得られた完全な解 $Z_V(z)$ を，z の M 次の多項式とする．ここで M は体積 V の中に押し込む事の出来る粒子の最大の数である．(1.43) を

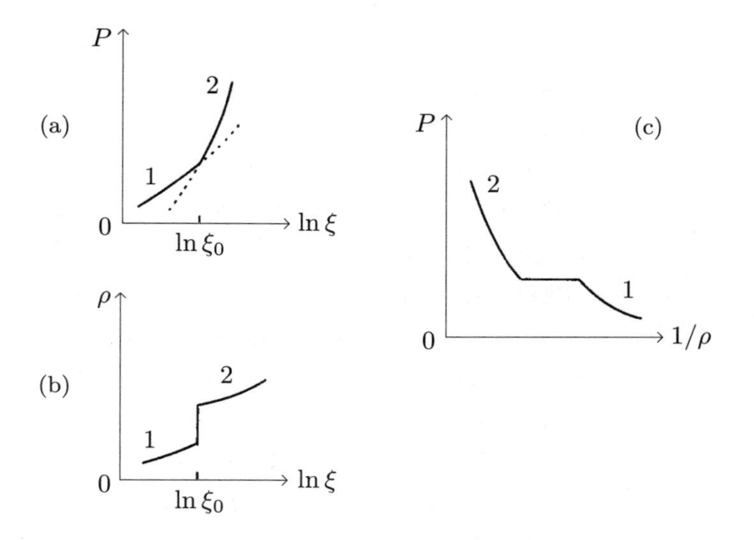

図 1.4　(a) (1.41) での P 対 $\ln\xi$ の模式図, (b) (1.42) での ρ 対 $\ln\xi$ の模式図, (c) P 対 $1/\rho$ の模式図.

$$Z_V(z) = 1 + \sum_{n=1}^{M} \frac{\widehat{J}_n}{n!} z^n, \tag{1.62}$$

と表そう．$Z_V(z)$ は z の有限次の多項式であるので，$Z_V(z) = 0$ は複素平面上に根 z_i を持つ．故に大分配関数は

$$Z_V(z) = \prod_{i=1}^{M} \left(1 - \frac{z}{z_i}\right) \tag{1.63}$$

の様に書く事が出来る．$z = z_i$ では $\ln Z_V(z) \to -\infty$ であるので，この z_i は $\ln Z_V(z)$ の特異点である．またこの z_i では $\partial \ln Z_V(z)/\partial \ln z \to \infty$ である．この特異性が実軸 ξ の上でも起これば，それは密度 ρ の発散をひき起こす．

(1.62) を振り返ると，気体では $\sum(\widehat{J}_n/n!)\xi^n$ のすべての係数 $\widehat{J}_n$ の符号は正である．従って $Z_V(\xi_i) = 0$ のすべての根 ξ_i は，実数ではない．むしろ ξ_i は図 1.3(a) に示す様に，z_i として複素 z 平面上に散らばっている．体積 V が増加するにつれて詰め込まれている粒子数 M も増加し（熱力学的極限），更に根の数も増加する．こうした根の位置は熱力学的極限に近づくにつれて複素平面上を移動し，ついにはある閉じた曲線に沿って密に分布した点に近づく．この曲線の形はハミルトニアンに依存する．（図 1.3(b) では円として描いた．）曲線状の点分布 z_i のうち実軸の最も近くにあった z_i は，$V \to \infty$ では実軸に無限に接近する．これが実軸上での熱力学量の特異な性質を決める事になる．

$Z_V(\xi_c) = 0$ の成り立つ条件を複素平面上の大分配関数 $\ln Z_V(z)/V$ から眺めよう．図 1.3 の様に実軸上の η を中心とする半径 σ の円 C を考える．ここ

で円 C の内部には図 1.3(a) に示す様に $Z_V(\xi_c)=0$ の根がないとする．一般に，この領域 R を全複素平面に拡げる事は出来ない．z_i の分布に応じて複素平面は異なる 2 つの領域に分割され，その境界を超えて $V^{-1}\ln Z_V(z)$ を解析接続する事は出来ない．熱力学極限を取ると，根を表す点の密度は増加し閉じた曲線を作る．（リーとヤンは格子模型を用いて，相互作用 U が格子上の同じ位置で $U\to\infty$ を満たし，他の点で $U\leq 0$ を満たすならば，その大分配関数の零点は複素平面上で半径 1 の円上に並ぶ事を証明した．）この円上の点のうち実軸に最も近い点は，熱力学極限を取ると実軸に接近する．この極限では，この実軸はもはや 1 つの正則領域 R の中にあるのではなく，2 つの異なる領域 R_1 と R_2 に分割される．そのうちの 1 つが気体に対応し，他の 1 つが液体に対応する．実軸上の ξ が 2 つの領域の境界を横切る時，熱力学量は特異な温度依存性を示す．図 1.4 は状態方程式 (1.41) と (1.42) によって決まる圧力 P と密度 ρ の関係を示す．ξ が ξ_0 を通過する時に系に特異性が現れるとする．しかし必ずしも $\ln Z_V(\mu)$ は発散する必要はない．むしろ，図 1.4(a) の様に圧力 P は $\ln\xi_0$ で連続であるが微分可能でないとする．この時，図 1.4(b) では密度 ρ は非連続である．この 2 つを組み合わせると図 1.4(c) の様になり，状態方程式により決まる『圧力–体積曲線』に気体液体相転移が現れる．そこで問題となるのは，与えられた系の大分配関数 $Z_V(\mu)$ が，果たしてこの様な特異性を示すだろうか? という点である．

リーとヤンは，格子模型の中でも厳密解が求まるイジング・スピン模型での相転移を格子気体での気体液体転移と見なし，その厳密解を用いて格子気体の気体液体転移を定式化した[3][4]．この場合，$Z_V(\xi_c)=0$ のすべての根は，複素平面上の単位円の上に乗っている．原理的には，熱力学極限を取らない限り大分配関数は非連続な相転移を導かない．可解模型の厳密解では，熱力学変数のすべての値で熱力学極限を取る事が出来る．従って ξ の正の実軸が，単一の正則領域 R に囲まれているか? を確かめる事が出来る．しかし理想化のない十分に現実的な模型では，この複素平面を用いる定式化は，形式的な枠組みを与えはするが，具体的な物理的予言を与えるのは難しい．（第 6 章では，引力相互作用するフェルミ気体の気体液体相転移の可能性を，この方法で議論する．）

1.4.2 気体の大分配関数の正則領域

気体から液体にわたる大分配関数が，先に M 次の多項式と想定した様に解析関数として求まるならば，実軸上にゼロ点が存在すると予想される．しかしその様な大分配関数が存在するのか，また存在するとしても実際に求まるのかは定かではない．それよりも一歩下がって，より現実的な方法をとろう．気体の大分配関数を摂動級数として表し，その収束半径を求めて，その複素平面上の正則領域を定める事は不可能ではない．例えば次の展開

$$\frac{1}{1+z^2} = 1 - z^2 + z^4 - z^6 + \cdots, \tag{1.64}$$

において，左辺は $z = \pm 1$ で何の異常も示さないが，右辺は $z \geq 1$ または $z \leq -1$ では収束しない．これは $z = \pm i$ が左辺の特異点で，これが展開の中心 $z = 0$ から 1 の距離にあるので，収束半径が 1 になるからである．つまり右辺の展開の収束性から左辺の複素平面上の正則領域が求まる．

我々は気体を論じるに当たっては理想気体から始め，摂動論を用いて徐々に粒子間の相互作用をモデルに取り入れていく．そして $\ln Z_V(\xi)$ を無限級数として表す．$Z_V(\xi)$ を含んだ状態方程式

$$\frac{P}{k_B T} = \frac{\ln Z_V(\xi)}{V} = \sum_{l=0}^{\infty} b_l(V)\xi^l \tag{1.65}$$

の中で，この級数に発散が起きれば，それは複素平面上の $Z_V(z)$ の正則領域についての情報を与える．つまり $b_l(V)$ の $l \to \infty$ での振る舞いは，気体液体転移の存在について鍵となる重要な情報を含んでいる．この $\sum_{l=0}^{\infty} b_l(V)\xi^l$ の発散は，状態方程式では圧力 P と密度 ρ の発散を意味し，気体液体転移の存在を示す．これを確かめる為には，現実的なハミルトニアンから出発して $l \to \infty$ における $b_l(V)$ の l 依存性を求めねばならない．

一般に，解析関数は無限級数

$$f(z) = \sum_{n=1}^{\infty} a_n z^n \tag{1.66}$$

で表される．この冪級数の収束と発散については 3 通りの場合が考えられる．

(1) $f(z)$ はすべての z について収束する．

(2) $f(z)$ は $z = 0$ を除くすべての z について発散する．

(3) $f(z)$ には半径 r_c の収束円が存在し，$|z| \leq r_c$ の時に収束し $|z| > r_c$ の時に発散する．

無限級数 $f(z) = \sum_{n=1}^{\infty} a_n z^n$ の収束半径 r_c は，次のコーシー–アダマールの定理（補遺を見よ）

$$\frac{1}{r_c} = \overline{\lim_{n\to\infty}} |a_n|^{1/n} \tag{1.67}$$

で与えられる．ここで $\overline{\lim}_{n\to\infty}$ は上極限 $\lim_{m\to\infty} \sup_{m\leq n}$ を表す．複素平面は $Z_V(z)$ の振る舞いに応じていくつかの領域に分かれ，$Z_V(z)$ はある領域内で正則であるとしよう．z がこの領域の境界を超える時，$Z_V(z)$ の発散が起きる．この領域の境界を見積もる為に，(1.67) が用いられる．

熱力学極限については次の様な見方が可能である．統計物理では，系が巨大である事を暗黙のうちに仮定して，いくつかの漸近公式を用いる．故に，改めて $V \to \infty$ の極限を取る事を明言しない．非理想気体では，$V \to \infty$ の極限はしばしば係数 $b_l(V)$ を計算する途中の段階で，暗黙のうちに考慮されている．

これを $b_l(\infty)$ と書こう．

厳密な方法に比べて，この方法には以下の様な限界がある．得られた展開 $\sum_{l=0}^{\infty} b_l(\infty)\xi^l$ は，ある点における特異性を表しているとしても，この特異点を超えての $V^{-1}\ln Z_V(\xi)$ の情報を与えない．この理由により，気体より出発する近似理論の守備範囲は気体のみに留まる．しかし，気体と液体をともに含む包括的な解を手にしている訳ではないとしても，非理想古典気体の示す不安定性を解析すれば，気体液体相転移を引き起こす機構についての我々の理解は深まるであろう．（次節ではこの方法を古典気体に，第 4 章では引力相互作用するボース気体に適用する．）

1.4.3 補遺：コーシー–アダマールの定理の証明

(1) 無限級数 $S_\infty = \sum_{n=1}^{\infty} c_n$ を考えよう．もし大きな n について c_n の n 次の根 $\sqrt[n]{c_n}$ が 1 よりも小さいならば，即ち，ある m 以上の n について，$\sqrt[n]{c_n} \leq k < 1$ を満たす様な k を見つける事が可能ならば，この無限級数 S_n について 1 つの不等式

$$S_n = c_1 + \cdots + c_n < k + \cdots + k^n = \frac{k(1-k^n)}{1-k} \tag{1.68}$$

を得る．$0 < k < 1$ なので $\sum_{n=1}^{\infty} c_n$ は収束する．

(2) $|a_n z^n|$ を c_n と見なすならば，この議論は我々の問題としている $f(z) = \sum_{n=1}^{\infty} a_n z^n$ に適用する事が出来る．鍵となる量は $\overline{\lim}_{n\to\infty}|a_n|^{1/n} \equiv l$ である．この様な l を用いると，(1) での $\sqrt[n]{c_n}$ は $\overline{\lim}_{n\to\infty}|a_n z^n|^{1/n} = l|z|$，すなわち $\overline{\lim}_{n\to\infty} \sqrt[n]{c_n} = l|z|$ と表される．

(3) $l|z| < 1$ ならば (1.68) は $f(z)$ に適用され，$\sum_{n=1}^{\infty} a_n z^n$ は収束する．反対にもし $l|z| > 1$ ならば発散する．故に $\sum_{n=1}^{\infty} a_n z^n$ の収束半径 r_c は $l|r_c| = 1$ より決まり，l の定義を用いて

$$\frac{1}{r_c} = \overline{\lim_{n\to\infty}}|a_n|^{1/n} \tag{1.69}$$

で与えられる．

1.5 古典気体の不安定性

古典気体の大分配関数の正則領域を求め，液体への転移を調べよう．状態方程式 (1.46) と (1.47) に発散が現れ気体液体相転移が起きる機構を理解する為に，ハミルトニアン (1.34) から出発して計算を 1 歩ずつ先へと進める[5]．

1.5.1 クラスター積分

気体では粒子間の平均距離は原子の大きさよりもはるかに大きい．故に特に接近するのでない限り粒子は，図 1.1 の相互作用ポテンシャル $U(r)$ のうち弱い

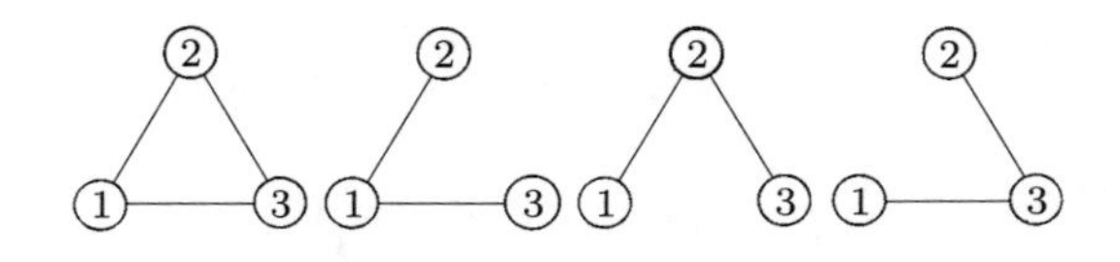

図 1.5　b_3 から成るクラスター積分.

引力部分 $(r \gg 2r_0)$ を感じている．従って (1.44) と (1.45) 中の $\exp\left(-\frac{U}{k_BT}\right)$ を

$$\exp\left(-\frac{U_{ij}}{k_BT}\right) \simeq 1 + f_{ij}, \tag{1.70}$$

と近似しよう．ここで $f_{ij} \simeq -U_{ij}/k_BT$ は小さな量であるので，それに応じて (1.44) は

$$\frac{1}{2}J_2 \to \frac{1}{2V}\int f_{12}dV_1dV_2 \equiv b_2 \tag{1.71}$$

となる．他方 (1.45) は U_{123} が 2 体力ポテンシャルの和 $U_{12} + U_{23} + U_{31}$ に分解されるので，上の f_{ij} を用いると

$$\frac{1}{6}J_3 \to \frac{1}{6V}\int(f_{12}f_{23}f_{31} + f_{12}f_{13} + f_{12}f_{23} + f_{13}f_{23})dV_1dV_2dV_3 \equiv b_3, \tag{1.72}$$

となり，図 1.5 の様に図示される．(1.71) と (1.72) の b_l はクラスター積分と呼ばれ，一般には

$$b_l = \frac{1}{l!\,V}\int\cdots\int\sum\left[\prod_{1\le i<j\le l} f_{ij}\right]dV_1dV_2\cdots dV_l, \tag{1.73}$$

の形をしている．ここで積 $\prod_{i<j} f_{ij}$ は，$1 \le i < j \le l$ を満たす i, j について取り，その和 $\sum[\prod_{i<j} f_{ij}]$ は l 個の粒子からなるすべての可能なクラスターにわたって計算される．この b_l は (1.65) 中の b_l に一致する．（希薄気体の第 1 近似では，b_l は体積によらない.）この b_l を用いて状態方程式を書くと

$$\frac{P}{k_BT} = \sum_{l=1}^{\infty} b_l\xi^l, \tag{1.74}$$

$$\frac{N}{V} = \sum_{l=1}^{\infty} lb_l\xi^l. \tag{1.75}$$

1.5.2　連結クラスターと非連結クラスターの関係

図 1.5 はクラスター積分 b_l の $l = 3$ の場合を表す．この b_l は 2 つの異なる積分から出来ている．(1.72) の第 1 項 $f_{12}f_{23}f_{31}$ では，すべての座標 r_i が $f_{12}f_{23}f_{31}$ の中で 2 回現れているのに対して，他の項では 1 つの座標が 2 回現

れて他の座標は 1 回しか現れない．f_{ij} は i と j の相対座標のみに依存するので，$dV_1 dV_2 dV_3$ を相対座標で書き直すと第 1 項は以下の積分を与える．

$$\frac{1}{2}\int f_{12}f_{23}f_{31}dV_2dV_3 \equiv \beta_2. \tag{1.76}$$

これを連結クラスター積分と呼ぶ．他の項は

$$\int f_{12}f_{13}dV_2dV_3 = \int f_{12}dV_2 \int f_{13}dV_3 = \beta_1^2 \tag{1.77}$$

の様に，より多重度の小さな積分の積を与える．これは非連結クラスター積分であり，小さな連結クラスター積分の積である．この様な β_i を用いて，b_l の中の積分をその座標積分の多重度に従って分類する事が出来る．例えば (1.72) の中の b_3 の場合は，β_2 と β_1 を用いて

$$b_3 = \frac{1}{3}\beta_2 + \frac{1}{2}\beta_1^2, \tag{1.78}$$

の様に分解出来る．同様にして

$$b_4 = \frac{1}{4}\beta_3 + \beta_2\beta_3 + \frac{1}{3}\beta_2^2, \tag{1.79}$$

を得る．この方針に従って，一般のクラスター積分 b_l を連結クラスター積分 $\beta_s, (s = 1, \ldots, l-1)$ の積の和に分解する事が出来る．

気体が液体に相転移する時，気体中に最も発生しそうな粒子の塊はコンパクトな液滴である．この物理的な描像は状態方程式の摂動展開にそのまま移し替える事が出来る．3 粒子の図 1.5 の場合は，左の三角形 β_2 はコンパクトな形であり，他はひも状の形をしているから，相互作用 U が粒子に等方的に働く限り，摂動展開で重要なのは，ひもではなく液滴と同じくコンパクトな塊である．クラスター積分 b_l は，いくつかの連結クラスター積分の混合物であるが，**l 次の摂動展開の範囲で言えば，気体の不安定性を決める上で最も重要なのは最大の連結クラスター積分 β_{l-1} である．** b_3 の場合は β_2 が (1.78) の中で最も重要である．この傾向を大きな b_l にまで延長すれば，b_l の $l \to \infty$ での振る舞いを β_{l-1} を用いて評価する事が出来る．

(1.75) の $N/V = \sum_n lb_l\xi^l$ 中の b_l と β_s の関係を求めたい．この中の ξ を複素平面上の z に置き換えて，$N/V = 1/v$ を複素級数として定義する．この複素級数を z で微分すれば

$$\frac{d}{dz}\left(\frac{N}{V}\right) = \sum_{s=1}^{\infty} l^2 b_l z^{l-1}, \tag{1.80}$$

を得る．この式の両辺を z^l で割って右辺の $l^2 b_l$ が $1/z$ の係数になる様にすると，コーシーの積分公式を用いて

$$l^2 b_l = \frac{1}{2\pi i}\int_C \frac{1}{z^l}\frac{dv^{-1}}{dz}dz \tag{1.81}$$

を得る．b_l を β_s の展開式として表す為に，この右辺の z を β_s の展開式として表したい．(1.76) と (1.77) を見ると，β_s は s 回の体積積分を伴うので，実軸上の z である ξ を β_s の展開式で表すならば，β_s は無次元の量として β_s/v^s の形で現れるであろう．ビリアル展開の第 1 項としては (1.48) より $\xi = 1/v$ である．そこで (1.75) を ξ について解いた式として

$$\xi = \frac{1}{v} \exp\left(-\sum_{s=1}^{\infty} \frac{\widehat{\beta}_s}{v^s}\right) \tag{1.82}$$

と仮定してみよう．ここで $\widehat{\beta}_s$ は未定である．(1.82) の ξ を複素数 z とし，(1.81) の右辺の z として代入すると

$$l^2 b_l = \frac{1}{2\pi i} \int_C v^l \exp\left(l \sum_{s=1}^{\infty} \frac{\widehat{\beta}_s}{v^s}\right) dv^{-1} \tag{1.83}$$

を得る．$w = 1/v$ に変数を変換して

$$l^2 b_l = \frac{1}{2\pi i} \int_C \frac{1}{w^l} \exp\left(l \sum_{s=1}^{\infty} \widehat{\beta}_s w^s\right) dw \tag{1.84}$$

が得られる．$\exp(l \sum_{s=1}^{\infty} \widehat{\beta}_s w^s)$ を w で展開すれば，指数関数の展開には様々な冪 w^s の積が現れる．w^s が n_s 回現れるとして，

$$b_l = \frac{1}{2\pi i} \frac{1}{l^2} \int_C \frac{1}{w^l} \prod_s \sum_{n_s} \frac{(l\widehat{\beta}_s)^{n_s}}{n_s!} w^{sn_s} dw. \tag{1.85}$$

ここで $n_s!$ で割るのは，我々は各々の $l\widehat{\beta}_s w^s$ を区別出来ないからである．(1.84) の中の s についての和 $\sum_{s=1}^{\infty} \widehat{\beta}_s w^s$ を，以下の条件

$$\sum_{s \geq 1}^{s=l-1} s n_s = l - 1, \tag{1.86}$$

のもとで行う．液体への相転移を考える我々は大きな s からの b_l への寄与に注目しているので，sn_s を最大の $l-1$ のみで近似する．この時には (1.85) の被積分関数中の w^{sn_s} は w^{l-1} と見なせて，被積分関数の全体は $1/w$ に比例し，コーシーの式を用いると

$$b_l = \frac{1}{l^2} \sum_{n_s} \prod_s \frac{(l\widehat{\beta}_s)^{n_s}}{n_s!}, \tag{1.87}$$

を得る*1)．これより b_l の最初の数項を作ると，

*1)　b_l と β_s は各々 V^{l-1} と V^s の次元を持つので，(1.86) と (1.87) は次元の考察より成立せねばならない．β_s の具体的な形は上の議論には必要ないが，以下の様に与えられている．

$$\beta_s = \frac{1}{s!\,v} \int \cdots \int \sum \left[\prod_{1 \leq i < j \leq s+1} f_{ij} \right] dV_1 dV_2 \cdots dV_{s+1}. \tag{1.88}$$

この β_s と (1.73) より (1.87) を導くには，長い組合せ論的な考察を必要とする．（Mayer and Harison[6]，と Mayer and Mayer[5] のテキスト）を見よ．）

$$b_1 = 1, \quad b_2 = \frac{1}{2}\widehat{\beta_1}, \quad b_3 = \frac{1}{3}\widehat{\beta_2} + \frac{1}{2}\widehat{\beta_1}^2, \quad b_4 = \frac{1}{4}\widehat{\beta_3} + \widehat{\beta_2}\widehat{\beta_3} + \frac{1}{3}\widehat{\beta_2}^2, \tag{1.89}$$

となり，以前に求めた (1.78) と (1.79) に一致する．これは無限次まで確かめる事が出来て，(1.82) の $\widehat{\beta_s}$ は β_s に等しい事が明らかになる．つまり (1.87) の $\widehat{\beta_s}$ を β_s で置き換えた式が，b_l と β_s の関係である．この b_l を状態方程式 (1.75) に用いて，N/V が発散し液体への相転移が生じる条件を調べよう．

1.5.3 古典気体の大分配関数の正則領域

気体の大分配関数が収束する正則領域の外に出ると液体への相転移が起きる．

1.5.3.1 ダーウィン–ファウラーの方法

一般に，拘束条件の下で和を評価するのは簡単ではない．(1.87) で $\prod_s (l\beta_s)^{n_s}/n_s!$ の n_s についての和を，$\sum sn_s = l-1$ を満たす n_s について求めるのもその 1 例である．ダーウィン–ファウラーの方法[7]では，無限次までの和を取る事で実質的にこの拘束条件を緩める*2)．ボルンとフックス[8]は，この方法を $\prod_s (l\beta_s)^{n_s}/n_s!$ の和に応用し，以下の様な母関数 $F(l,\xi)$ を考えた．

$$F(l,\xi) \equiv \sum_{n_1}^{\infty}\sum_{n_2}^{\infty}\cdots\sum_{n_s}^{\infty}\cdots\prod_{s}^{l-1}\frac{(l\beta_s\xi^s)^{n_s}}{n_s!} = \exp\left(\sum_{s=1}^{l-1} l\beta_s\xi^s\right). \tag{1.90}$$

ここで和は，1 つの n_s についてだけではなく，様々な n_s について制限なしに取るものとする．

(a) この母関数の各項は (1.87) の b_l とよく似た構造を持つ．(1.90) の中辺の ξ^{sn_s} の項の係数 $(l\beta_s)^{n_s}/n_s!$ は，(1.87) に l^2 を掛けた $l^2 b_l$ と同じ形をしている．

(b) (1.86) の $\sum sn_s = l-1$ を満たす n_s の中に支配的な n_s があり，それを用いると $\xi^{sn_s} = \xi^{l-1}$ と近似出来るとしよう．$F(l,\xi)$ の多重和は，この n_s の和だけで近似出来て，$F(l,\xi)$ は ξ^{l-1} に比例するとする．

複素平面に目を拡げて $F(l,\xi)$ を $F(l,z)$ とし，(a) と同じ近似を行う．$F(l,z)$ の多重和から支配的な n_s のみを取り出しこれを $l^2 b_l$ とする．この $l^2 b_l$ は $F(l,z)$ のうち z^{l-1} に比例する部分で決まる．コーシーの定理を用いると，

$$l^2 b_l = \frac{1}{2\pi i}\int_C \frac{F(l,z)}{z^l}dz, \tag{1.91}$$

を得る．ここで C は，$F(l,z)$ の収束円内にある $\xi = 0$ のまわりの閉じた経路である．(1.91) の b_l の具体的な形を求める為に，b_l のコーシー積分

*2) ダーウィン–ファウラーの方法は大きなカノニカルアンサンブルの洗練された表現と見なす事が出来る．

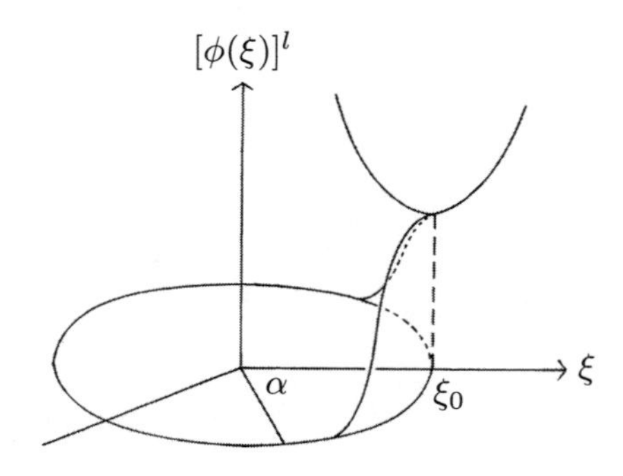

図 1.6　$[\phi(z)]^l$ の ξ_0 での鞍点の模式図.

$$b_l = \frac{1}{2\pi i l^2}\int_C \frac{[\phi(z)]^l}{z}dz, \tag{1.92}$$

$$\phi(z) = \frac{1}{z^{1-1/l}}\exp\left(\sum_{s=1}^{l-1}\beta_s z^s\right), \tag{1.93}$$

を考える．この積分を鞍点 (saddle-point) の方法を用いて評価しよう．

(1.93) を z の関数として見ると，図 1.6. に示す様に，実軸上 $(z=\xi)$ では $\phi(\xi)$ は $\xi\to 0$ と $\xi\to\infty$ で急速に増大する．これより実軸上で $d\phi(\xi_0)/d\xi_0 = 0$ を満たす $\phi(\xi)$ の極小点 ξ_0 が存在する．(1.92) の閉じた経路 C として，半径 ξ_0 の円を選び，積分の変数を $z=\xi_0 e^{i\alpha}$ としよう．

他方，図 1.6 に見る様に，$\phi(z)$ の接線方向の振る舞いは，実軸方向のそれとは違っている．これを見る為に $\phi(z)$ の対数を取り，$\ln\phi(\xi_0 e^{i\alpha})$ を位相 α で以下の様に展開する．

$$\begin{aligned}\ln\phi(\xi_0 e^{i\alpha}) &= \ln\phi(\xi_0) + \frac{\phi'(\xi_0)}{\phi(\xi_0)}i\xi_0\alpha \\ &\quad - \frac{1}{2}\xi_0^2\left[\frac{\phi''(\xi_0)}{\phi(\xi_0)} - \left(\frac{\phi'(\xi_0)}{\phi(\xi_0)}\right)^2 + \frac{\phi'(\xi_0)}{\xi_0\phi^2(\xi_0)}\right]\alpha^2 + \cdots .\end{aligned} \tag{1.94}$$

ここで $\phi'(\xi_0)=0$ であり α^2 の係数は負であるので，$\ln\phi(\xi_0)$ は角度方向では $\alpha=0$ で極大である．故に，実軸上の ξ_0 は，$\ln\phi(z)$ の saddle point である．

$$\ln\phi(\xi_0 e^{i\alpha}) = \ln\phi(\xi_0) - \frac{1}{2}\xi_0^2\frac{\phi''(\xi_0)}{\phi(\xi_0)}\alpha^2 + \cdots . \tag{1.95}$$

これより (1.92) の被積分関数を，ξ_0 での値で近似出来る．

(1.95) の両辺に l を掛けて，それらを指数の肩に乗せると

$$[\phi(z)]^l = [\phi(\xi_0)]^l \exp\left(-\frac{1}{2}\xi_0^2 l\frac{\phi''(\xi_0)}{\phi(\xi_0)}\alpha^2 + \cdots\right) \tag{1.96}$$

を得る．この結果を (1.92) に用いると，$dz = \xi_0 e^{i\alpha} d\alpha$ なので

$$b_l = \frac{1}{2\pi l^2}[\phi(\xi_0)]^l \int_{-\pi}^{\pi} \exp\left(-\frac{1}{2}\xi_0^2 l \frac{\phi''(\xi_0)}{\phi(\xi_0)}\alpha^2\right) d\alpha, \tag{1.97}$$

となり，その結果

$$b_l = \frac{[\phi(\xi_0)]^l}{l^2\sqrt{2\pi l \dfrac{\phi''(\xi_0)}{\phi(\xi_0)}}} \tag{1.98}$$

を得る．

この b_l の $l \to \infty$ での漸近形を (1.98) から以下の様に求めよう．(1.93) を用いると，分母の ϕ''/ϕ は大きな l について以下の様に近似出来る．

$$\frac{\phi''(\xi_0)}{\phi(\xi_0)} = \sum_{s=1}^{l-1} s(s-1)\beta_s \xi_0^{(s-2)} + \left(1 - \frac{1}{l}\right)\frac{1}{\xi_0^2} \to \frac{1}{\xi_0^2}\sum_{s=1}^{l-1} s^2 \beta_s \xi_0^s. \tag{1.99}$$

これを分母に用い，(1.93) を分子に用いると，b_l の $l \to \infty$ の最終的な漸近形として[6][8]

$$b_l = h(l,\beta) b_0^l, \tag{1.100}$$

$$h(l,\beta) = \frac{\xi_0}{l^{5/2}\sqrt{2\pi \displaystyle\sum_{s=1}^{\infty} s^2 \beta_s \xi_0^s}} \equiv c l^{-2.5}, \tag{1.101}$$

$$b_0 = \frac{1}{\xi_0}\exp\left(\sum_{s=1}^{\infty}\beta_s \xi_0^s\right) \tag{1.102}$$

を得る．

saddle-point ξ_0 は，以下の様に求める事が出来る．その saddle-point の条件 $d\phi(\xi_0)/d\xi_0 = 0$ は，(1.93) を用いると，大きな l については

$$\sum_{s=1}^{l-1} s\beta_s \xi_0^s = 1 - \frac{1}{l} \simeq 1 \tag{1.103}$$

である．この関係は ξ_0 を陰関数の形で決めている．

1.5.4 液体への相転移

(1.100) を (1.75) の b_l に用いて

$$\frac{N}{V} = \sum_{l=1}^{\infty} l h(l,\beta)(b_0\xi)^l \tag{1.104}$$

を得る．この右辺を無限級数 $\sum_{l=1}^{\infty} a_l z^l$ と見なし，これにコーシー–アダマールの定理 (1.67) を適用する．(1.101) より $a_l = l h(l,\beta) \propto l^{-1.5}$ であり，単調に変化する a_l の上極限はその極限と同じである．収束半径 r_c は

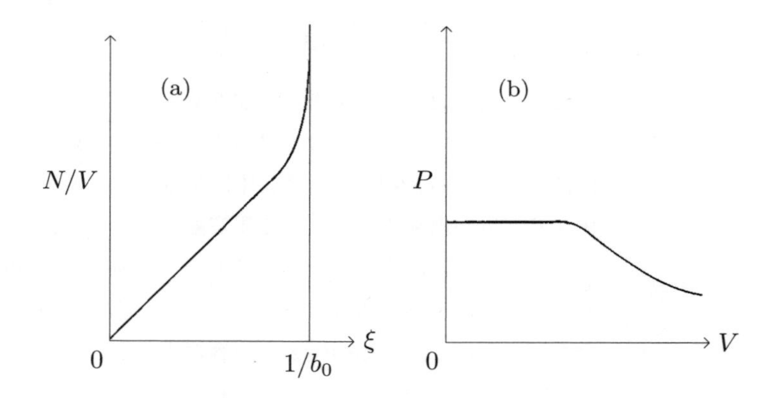

図 1.7　(a) N/V 対 ξ と，(b) P 対 V の模式的な図.

$$\frac{1}{r_c} = \overline{\lim_{l\to\infty}} |a_l|^{1/l} = \overline{\lim_{l\to\infty}}\, c^{1/l}(l^{-1.5})^{1/l} = (\lim_{l\to\infty} l^{1/l})^{-1.5} = 1 \qquad (1.105)$$

を満たす．故に収束半径として $r_c = b_0\xi = 1$ を得る．

(1.39) の ξ と (1.102) の b_0 を用いると，発散の現れる条件 $b_0\xi = 1$ とは

$$\frac{1}{\xi_0}\exp\left(\sum_{s=1}^{\infty}\beta_s\xi_0^s\right)\left(\frac{mk_BT}{2\pi\hbar^2}\right)^{3/2}\exp\left(\frac{\mu}{k_BT}\right) = 1 \qquad (1.106)$$

である．図 1.7(a) に見る様に N/V は $\xi \simeq 0$ において ξ の 1 次関数である．温度が下がり，ξ が $1/b_0$ に近づくと N/V は 図 1.7(a) に描く様に発散する．これが古典気体が液体に相転移する「サイン」である．密度が発散する条件 $b_0\xi > 1$ が意味する様に，**粒子間の相互作用を反映する** b_0 **が，運動エネルギーを反映する** $1/\xi$ **を超える時に不安定が起きる．**

(a) 転移温度 T_c で液体と平衡状態にある気体，すなわち飽和蒸気を考えよう．T_c での $b_0\xi = 1$ に (1.82) の ξ と (1.102) の b_0 を用いると，

$$\frac{1}{v\xi_0}\exp\left(\sum_{s=1}^{\infty}\beta_s(-\frac{1}{v^s} + \xi_0^s)\right) = 1 \qquad (1.107)$$

を得る．これを $v\ (= V/N)$ の方程式と見ると，それは解 ξ_0^{-1} を持つ．これが T_c での 1 粒子あたりの飽和体積 v_c に外ならない．この v_c は (1.103) により

$$\sum_{s=1}^{l-1} s\beta_s\left(\frac{1}{v_c}\right)^s = 1 \qquad (1.108)$$

を満たす v_c として決まる．

(b) 状態方程式 (1.74) と (1.75) を用いて P–V 図を描こうとすると，(1.100) の b_l は V にあらわには依存していない事に留意して

$$\left(\frac{\partial P}{\partial V}\right)_T = k_BT\left(\frac{\partial \xi}{\partial V}\right)_T\left(\sum_{l=1}^{\infty} b_l l\xi^{l-1}\right) \qquad (1.109)$$

$$= k_B T \left(\frac{\partial \ln \xi}{\partial V} \right)_T \left(\sum_{l=1}^{\infty} l b_l \xi^l \right) = \frac{N}{V} k_B T \left(\frac{\partial \ln \xi}{\partial V} \right)_T$$

を得る．図 1.7(a) に見る様に，液体に接近すると N/V が大きくなっても ξ は変化しないので，上式では $(\partial P/\partial V)_T = 0$ である．これを表すと図 1.7(b) の様になり，この P–V 曲線は液体になると一定の圧力のままで体積を自由に変化させる事が出来るという点で現実離れしている．これが起こった理由は，密度が増えると，b_l が体積に依らないという仮定は非現実的になるからである．大きなクラスターの b_l は体積に依存し，$(\partial P/\partial V)_T$ には，上記の式以外に余分な項が現れる．気体の圧力は，容器中を自由に飛んでいる小さなクラスターが容器の壁に衝突して生じる．これに対して液体の圧力は，液体中に密に詰め込まれたクラスターがその内部変形に対して抵抗する事からも生じ，これが b_l の体積依存性を生み出す．もし体積に依存する係数 $b_l(V)$ を計算出来たとすれば，密度の方程式

$$\frac{N}{V} = k_B T \lim_{V \to \infty} \frac{\partial}{\partial \ln \xi} \left(\sum_{l=0}^{\infty} b_l(V) \xi^l \right) \tag{1.110}$$

は気体と液体の両方を含んでいるはずである．しかしこの場合は，不安定性の条件は $b_0 \xi = 1$ の様には簡単にはならないであろう．

(c) 温度が高くなると，この系は気体と液体を区別出来ない臨界領域に入る．状態方程式 (1.75) の b_l は $b_l = h(l, \beta) b_0^l$ の様に簡単にはならず，l とともに急速に減少するか，あるいは正負に振動すると推測される．ある温度（臨界温度）以上になると，他の熱力学変数を変えても N/V の発散が起きなくなり，気体は液体に相転移しなくなると考えられる．しかし高い温度での b_l の計算には多くの課題がある．

古典気体の状態方程式を，なるだけ少ない近似の下で高次まで厳密に計算し，その級数の収束半径を決定するには多くの計算上の困難を伴う．（いくつかの単純化した模型について現在得られている結果については，例えば文献 [9] を見られたい．）

1.6 古典気体の準安定状態

気体は液体に相転移する際に，しばしば $T < T_c$ になっても気体のままに留まる（過冷却気体）．また反対に液体が気体に相転移する時，液体は $T > T_c$ になってもしばしば液体のままに留まる（過熱液体）．こうした気体または液体の準安定状態を，我々は日常の生活でしばしば目にする．気体の準安定状態の理論的記述は，それ自体が興味ある問題であるが，気体液体相転移の本質をあきらかにするのにも役立つ．

1.6.1　液滴模型

液体への相転移点近くの気体を考えよう．そこでは，多くの小さな液滴が絶えず生成と消滅を繰り返している．気体と液体の 1 粒子当たりのエネルギーを，それぞれ $f>0$ と $f<0$ とする．その液滴の内部では粒子は液体状態のエネルギー $f<0$ を持つ．気体との境界である液滴の表面エネルギー σ は正であるので，小さな液滴はまだ巨視的なサイズにまで成長する事が出来ない．l 個の粒子からなる液滴のエネルギーは

$$fl+\sigma l^{2/3} \tag{1.111}$$

で与えられる．その様な液滴の熱力学的ポテンシャル F_g は

$$F_g=-k_BT\ln\sum_{l=0}\exp\left(-\frac{fl+\sigma l^{2/3}}{k_BT}\right) \tag{1.112}$$

である．この液滴模型は現象論ではあるが，凝縮点近くの気体の振る舞いについての直観的なイメージを与える．

1.5 節で見た様に，熱平衡状態にある気体は，転移温度では $b_0\xi\to 1$ となる為に，その密度を表す状態方程式 (1.104) が発散し，不安定になり液体へと転移する．他方，液滴を含む準安定状態の気体は，その熱力学ポテンシャル (1.112) が $f<0$ を含むので潜在的に不安定である．我々の関心事は，この 2 つの不安定機構の間の関係にある．準安定状態は自由エネルギー極少の状態ではない．極少の自由エネルギーを持つのは「熱平衡にある液体」である．しかしこの準安定な気体は熱平衡にある液体と無関係ではなく，大分配関数の構造の上では，これと連続的に繋がっている．ここで問題となるのは，温度を下げていって f が正から負となる時に（つまり熱平衡系では本来は液体になるはずの時に），この準安定状態がどうなるのか? という点である．この問題はランガー[10]により研究された．この問題に答える為に，離散的な変数 l を連続的な変数 t を用いて

$$l\to\left(\frac{\sigma}{f}\right)^3 t^3 \tag{1.113}$$

と置き換えて，この系の大分配関数を

$$Z[f]=-3V\left(\frac{\sigma}{f}\right)^3\int_0^\infty t^2\exp\left(-\frac{1}{k_BT}\frac{\sigma^3}{f^2}[t^3+t^2]\right)dt \tag{1.114}$$

の様に書こう．

(a) ここで問題となるのは，$f\to 0$ での大分配関数 $Z[f]$ の振る舞いである．もし $Z[f]$ が複素数になるならば，その虚部は準安定状態の安定性についての情報を含んでいるであろう．これを得る為に，この被積分関数を複素平面上の解析関数と考えて，積分の変数 t を複素数 $|t|\exp(i\phi)$ に一般化しよう．(1.114) 中のエネルギー f もまた，複素数 $|f|\exp(i\theta)$ と一般化する．複素平面上の振

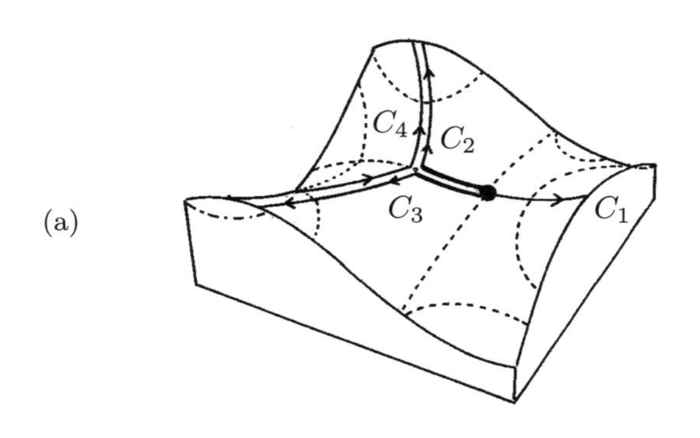

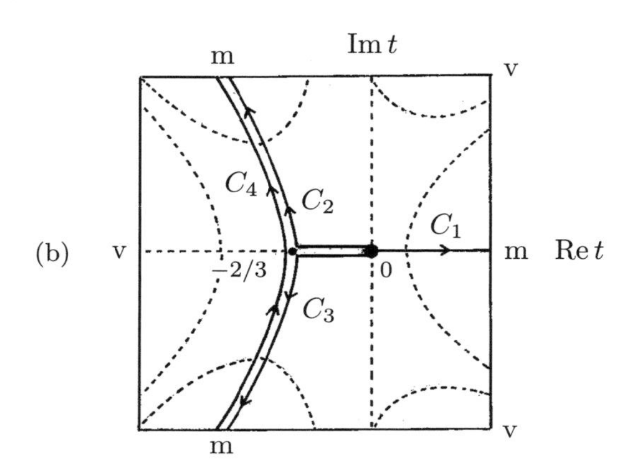

図 1.8　t の複素平面上の $\mathrm{Re}[t^3+t^2]$ 表面の 3 次元的模式図 (a) を上から見下ろした時，(b) の様な複素平面上の $\mathrm{Re}[t^3+t^2]$ の contour map を得る．

る舞いは，実軸上で起きる物理現象をより広い観点から眺める事を可能にする．準安定状態についての情報は，エネルギー f が $f>0$ から $f<0$ へと変わる時に，複素平面上で $Z[f]$ がどう振る舞うか? に含まれている．

(b) 図 1.8(a) は，被積分関数の指数部の $\mathrm{Re}[t^3+t^2]$ が，t の複素平面上で作る表面の 3 次元的な模式図である．図 1.8(b) はこれを上から見下ろした時の $\mathrm{Re}[t^3+t^2]$ の等高線図である．(1.114) を t の実軸上の contour C_1 に沿った積分と見なそう．$\mathrm{Re}[t^3+t^2]$ の全体的な構造は t^3 の項により決まる．図 (a), (b) ともに，3 つの山 ($\phi=0,\pm 2\pi/3$) と 3 つの谷 ($\phi=\pm\pi/3,\pi$) の存在を示している．t^2 の項は原点近くの $\mathrm{Re}[t^3+t^2]$ の振る舞いに影響を与える．その結果，実軸上では $\mathrm{Re}[t^3+t^2]$ は $t=0$ に極小点を，$t=-2/3$ になだらかな極大点を持ち，複素平面上で $\mathrm{Re}[t^3+t^2]$ を見ると，これは 2 つの鞍点になっている．

(c) (1.114) で f の符号が変化しても，$Z[f]$ を解析関数として定義する事が

出来る．$Z[f]$ を複素平面上で実軸上から解析的に接続させるには，複素変数 $|f|\exp(i\theta)$ を原点のまわりに $\theta=0$ から $\pm\pi$ へと，時計あるいは反時計方向に回転させればよい．それに応じて，$\mathrm{Re}[t^3+t^2]$ の 3 つの山と谷もまた，時計あるいは反時計方向に回転する．

図 1.8 を見ると，$|f|\exp(i\theta)$ が回転すると，contour C_1 は C_2 または C_3 に移動する．無限大から原点まで被積分関数が降下する経路の中で，contour C_2 は $\theta=2\pi/3$ の方向に沿って最も速く降下する経路である．同様に C_3 は $\theta=-2\pi/3$ の方向に沿って被積分関数が最も速く降下する経路である．f の回転に伴って C_2 と C_3 のいずれもが可能であり，f が $-f$ になると $Z[f]$ の積分は 1 価関数ではない．この積分の 2 つの値は，$|f|\exp(i\theta)$ の時計あるいは反時計方向の回転により生まれ，互いに複素共役の関係にある．

(d) ここで C_4 を図 1.8 に示す様に $C_4=C_2-C_3$ と定義される新しい経路としよう．f が $f=0$ を横切る時に，$Z[f]$ が非連続に変化する値 $i\delta Z[f]$ は

$$i\delta Z[f]=3i\left(\frac{\sigma}{f}\right)^3\int_{c_4}t^2\exp\left(-\frac{1}{k_BT}\frac{\sigma^3}{f^2}[t^3+t^2]\right)dt, \tag{1.115}$$

により与えられる．実軸上の $t=-2/3$ は経路 C_4 の鞍点であるので，(1.115) を見積もると

$$i\delta Z[f]=i\frac{4}{3}\left(\frac{\sigma}{f}\right)^3\exp\left(-\frac{1}{k_BT}\frac{7}{24}\frac{\sigma^3}{f^2}\right) \tag{1.116}$$

となる．準安定状態の大分配関数は実軸上の積分とその虚部との和

$$Z[f]=-3\left(\frac{\sigma}{f}\right)^3\int_0^{-2/3}t^2\exp\left(-\frac{1}{k_BT}\frac{\sigma^3}{f^2}[t^3+t^2]\right)dt\pm\frac{1}{2}i\delta Z[f], \tag{1.117}$$

である．ここで右辺の第 1 項の指数部の $(\sigma^3/f^2)[t^3+t^2]$ は，気体の準安定状態のエネルギーであるが，その不安定性は第 2 項に現れる．この $i\delta Z[f]$ を，準粒子の自己エネルギーと類似の解釈をしてみよう．微視的な励起との類推を用いれば，**虚部 $i\delta Z[f]$ は巨視的な励起と見なした準安定状態の崩壊率（単位時間あたりの崩壊の割合）に比例している**．物理的には，$\delta Z[f]$ は臨界的な大きさを超えた液滴の，全液滴に対して占める割合に比例している．この $i\delta Z[f]$ を用いると，熱力学ポテンシャルの虚部，すなわち $F_g=-k_BT\ln(a+ib)=-k_BT(\ln\sqrt{a^2+b^2}+i\theta)$ の $k_BT\theta$ を，$\tan\theta=b/a$ より導く事が出来る．

1.5 節で気体が液体に凝縮する点として，密度 $N/V=\sum_{l=1}lh(l,\beta)(b_0\xi)^l$ が発散する点を求めたが，これは凝縮点自体に対応するのではなく，気体の過飽和の限界点，即ちそれより上の温度では準安定状態の気体が存在出来ない点ではないか? という意見もある．しかし過飽和は，その崩壊率を表す虚部 $(i/2)\delta Z[f]$ が，実部に対して相当に小さな値を持つ場合に限って起こりう

る現象であって，準安定状態はその様な特別な場合でない限り存在出来ない．$\delta Z[f]$ が小さくない場合は，準安定状態はすぐに崩壊して実質的には存在せず，N/V の発散は気体液体相転移に対応している．

1.6.2 液滴模型の意味

気体液体相転移の機構に対して液滴模型が持つ意味を考えよう．液滴状態の F_g (1.112) と非理想気体が T_c の近くで持つ F_g とは，T_c で 1 価関数が多価関数へと分岐する際に連続的に繋がっているはずである．クラスター積分 b_l の漸近形は (1.100) の

$$b_l = h(l, \beta) b_0^l \tag{1.118}$$

で与えられた．この b_l を用いると，転移点近くの熱力学ポテンシャル $F_g = -k_B T \ln \sum_l b_l \xi^l$ は

$$F_g = -k_B T \sum_{l=1} h(l, \beta)(b_0 \xi)^l \tag{1.119}$$

となる．これを液滴状態の (1.112) の F_g と比較する為に，$b_0 \xi = \exp(-f'/k_B T)$ を満たす f' なる量を定義しよう．すると (1.119) は

$$F_g = -k_B T \ln \sum_{l=0} \exp\left(-\frac{f' l}{k_B T} + \ln h(l, \beta)\right) \tag{1.120}$$

と表される．この F_g を (1.112) と比べると，f' とは液滴内部のエネルギー f に等しい．即ち f' の定義より

$$f = -k_B T \ln(b_0 \xi) \tag{1.121}$$

と見なす事が出来る．f は液滴の 1 粒子当たりのエネルギーなので，クラスター積分 $b_l = h(l, \beta) b_0^l$ に現れる (1.102) の b_0

$$b_0 = \frac{1}{\xi_0} \exp\left(\sum_{s=1}^{\infty} \beta_s \xi_0^s\right) \tag{1.122}$$

は液体状態に対応する量である．つまり**気体液体相転移での $b_0 \xi = 1$ という条件は，液滴が爆発的に成長する事を表している**．他方 $h(l, \beta)$ については，(1.101) では $h(l, \beta) \propto l^{-5/2}$ であった．従ってこの $\ln h(l, \beta)$ を液滴の表面エネルギーの $\sigma l^{2/3}/k_B T$ に対応させる事は出来ない．

以上の液滴摸型による現象論的な評価に加えて，ランガーはある 1 次元模型の大分配関数を，汎関数積分の鞍点近似により直接に求めた．これは一見したところ不可能に見える様な計算を，本当に実行した大変な力技である．しかしその様な微視的な計算が，他の現実的な模型で可能である事は稀である．

第 2 章
古典系から量子系へ

2.1　古典液体の描像

気体が液体に相転移した後の姿を想像してみよう．気体が液体に相転移する時には，気体の中のあちらこちらに原子あるいは分子が集合し，局所的に密に詰まった塊が出来る．原子は集まって様々な小さな多面体を作り，更にその多面体どうしが凝集する．液体に相転移した後の構造には，様々な可能性がある．従って結晶に比べて液体では，莫大な数の局所的な構造が可能である．気体が液体に凝縮する時，すべての可能な構造の中から，結晶の単位格子という特別な構造が選び出される可能性はゼロに等しい．（その様な事が起きる為には，結晶の表面で原子が整然と再配列する結晶成長が起きなければならない．）多くの原子をランダムに一緒にすれば，そこに出来るのは液体である．**液体は局所的にはしばしば固体よりも大きな密度を持っている．これらの密に詰まった多面体は局所的にはエネルギーが低く，結晶の単位格子中の多面体よりも安定である．しかし，それらが規則的に積み上がって成長し，整然と凝縮した状態（つまり結晶）になる事は出来ない．言い換えれば，それらは結晶成長の核の役割をする事が出来ず，言わば『擬核』の状態に留まる．**この状況は図 2.1 の様に 2 次元構造を考えると容易に思い描く事が出来る．図 2.1(a) は 2 次元の固体を表し，6 回回転対称な構造を持つ黒い塊は，結晶の単位格子である．固体では，その構造を全領域に延長していく事が出来る．それに対して (b) は 2 次元の液体を表し，5 回回転対称な塊は，そのまま延長して行く事が出来ず擬核のままに留まる．この 2 次元のイメージは，液体の 3 次元的なイメージを 1 方向に投影した図である．つまり液体とはこうした擬核が乱雑に集合した状態である．

液体では 2 つの擬核の間は，原子や分子の小さな集合体で埋め尽くされている．もし液体の微視的な瞬間写真を撮ったとすれば，その静止構造は固体の構造に似ていて，個々の原子は固体中の原子と同様に隣り合った原子と触れ合っ

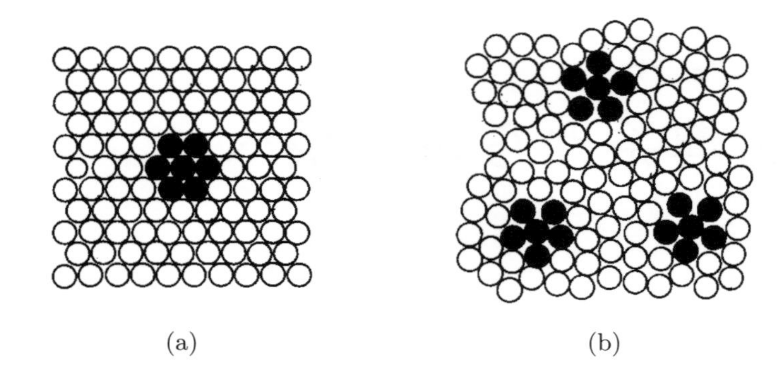

図 2.1　(a) 2 次元固体，および (b) 2 次元液体の模式図．

ているであろう．もし液体を極めて短い時間スケールで観察すれば，それは固体と同じ物理的性質を示すに違いない．しかし，もし我々が液体の個々の原子の運動を詳しく追跡するならば，そこには全く異なる運動の機構が働いている事に気づくであろう．固体が熱せられた時，原子は平衡位置のまわり激しく振動するが，隣の原子と入れ替わる事はない．対照的に液体中の原子は常にその平衡位置を変えて隣の原子と入れ替わっていく．従って，擬核は安定な存在ではなく液体の中で常に消滅と生成を繰り返す．液体論を定式化するには，弱く相互作用する極限として気体の描像から始めて，粒子間の相互作用を徐々に取り入れて徐々に改良し，液体に見える様にしていくのが普通である．しかし物理的な解釈という点から言えば，**液体と気体ではなく，むしろ液体と固体の類似点と相違点を考察する方が妥当な場合が多い**[11]．（液体と固体の類似性はフレンケルにより 1946 年のその先駆的な著書の中で強調されている[12]．）

固体と流体（気体と液体）の違いとして，ずれ変形に対する力学的応答がよく取り上げられる．しかし実は液体もまた，固体と同様に，ずれ応力を生む事が出来る．液体が異なるのは，固体では動的，静的いずれの「ずれ変形」（振動数がゼロの変形）に対しても応力が生じるのに対して，液体では高い振動数を持つずれ変形に対してのみ応力が生じる．従ってこれより高い振動数で振動する横振動は，固体と同様に液体中を伝播する事が出来る．反対に，これより低い振動数を持つずれ変形に対しては応力は生ぜず，我々が日常的によく見る流体的運動のみが可能になる[13]．

液体と固体の構造上の違いは，固体と液体の間の相転移にも現れる．固体の融解と液体の凝固は逆方向の現象であるが，固体の融解温度ははっきりと定義されるのに対して，液体の凝固温度は冷却の条件に大きく影響される．つまり液体はしばしば過冷却を起こす．更に液体はある温度で一挙に固体化してその性質が鋭く変化するのではない．構造の観点からすると，液体は固体とは異なり単一の状態にあるのではない．むしろ，それは局所的には結晶状の構造をした塊が凝集した結果であり，「転移温度」付近の温度で徐々に固体に変化していく．

それに対して気体液体相転移とは，どちらも緩い構造を持つ気体と液体の間に起きる相転移である．故に，気体から液体へ，または液体から気体へという両方向の変化の途中に，熱力学的に準安定な状態が生じる．対称性の観点からすれば，液体と気体の間に明確な区別をつける事は出来ない．特に相図上の臨界点よりも上の領域では，液体と気体の区別は消えてしまう．もし相図上の高い温度，大きな圧力，大きな体積の位置から臨界点を眺めるならば，臨界点は相図の原点のすぐ近くに位置している様に見えるであろう．従って，その外側には液体とも気体とも区別のつかない，広大な領域が相図にはある様に見えるはずである．これから考えると，我々が日常的に液体と気体の区別をしているのは，自明ではなくむしろ驚くべき事なのである．

ヘリウム 4 の様な軽い原子は，不確定性原理の為に静止している事が出来ずゼロ点振動を起こす．これに打ち勝って存在している固体ヘリウム 4 は，圧力の加わった領域（$P > 24.8$ 気圧）でのみ存在し，この圧力以下ではヘリウム 4 は気体又は液体として存在する．この気体と液体の間に起きる相転移では，量子統計の影響を真剣に考えねばならない．故にこの気体液体相転移を**量子気体液体相転移**と呼ぶのが相応しい．

2.2 ボース気体から量子液体へ

気体ヘリウム 4 は低温で気体液体相転移を起こすが，この転移の機構は高温での古典的気体に起きる気体液体相転移とは相当に異なり，量子統計がそれを強く支配している．高温，低密度ではボース粒子もフェルミ粒子もともに気体として存在するが，温度を下げていくとボース粒子はその運動エネルギーを失う．わずかな運動エネルギーしか持たない低温でのボース気体に引力が働いた時，この引力は劇的な効果を引き起こす．この気体の圧縮率はもはや正の値ではなく，希薄なボース気体は高密度の塊に崩壊せざるを得ない．これを模式的に図 2.2(a) に表す．（点で囲った円はゼロ点振動を表す．）この崩壊は，トラップされたボース気体の実験で印象深く現実に示された．この実験は古くから知られた引力のスイッチが入った時のボース気体の不安定性をあらわに示した．しかしこの現象は気体液体相転移ではない．なぜならこれは気体から液体へ，あるいは液体から気体へ熱平衡状態を保ちながら起きる可逆な変化ではなく，むしろ不可逆的に一方向に起きる非平衡過程である．また到達した状態も液体とは言えない．そもそもボース凝縮した気体は引力に対して不安定であるので，引力の働くボース気体は，最初から安定したボース凝縮相として存在しない．2 つの相のうちの 1 つが存在しないのであるから，その間に起きる相転

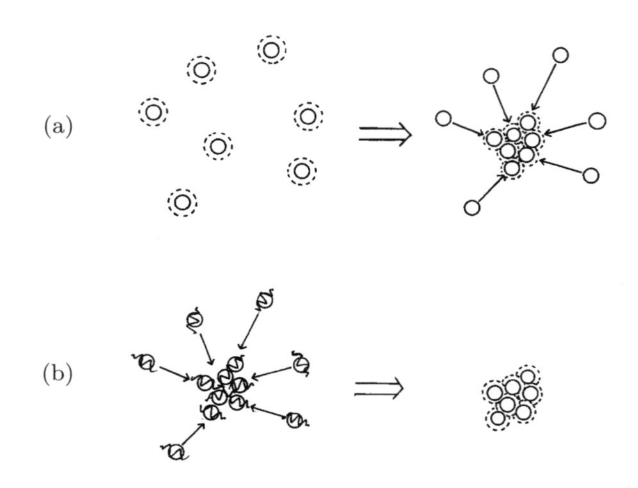

図 2.2　(a) ボース凝縮した気体の崩壊，と (b) 正常ボース気体が液体に凝縮した後の巨視的コヒーレンスの成長の模式図.

移は存在しない.

量子効果の強く働く気体液体相転移は，むしろ正常相の気体ヘリウム 4 を徐々に冷やし，気体にとどまりながら液体ヘリウム 4 のボース凝縮温度のすぐ上まで接近した時に起きる. ここでは気体中にまだボース凝縮は起きていないが，ボース統計により多体波動関数に生じたコヒーレンスが，巨視的な大きさにまで達する直前の状態にある．それを図 2.2(b) に模式的に示した．現実には，ラムダ転移温度直上にある 0.05 気圧以下の正常相の気体ヘリウム 4 がそれに当たる.

低温度かつ低圧力の環境にボース気体を置くと，古典液体のところで述べた様な擬核が，気体中にも小さな密度ではあるが所々に発生する．この擬核はボース統計に従い，構成する粒子の間に入れ替え対称性が成り立つ．この量子気体液体相転移を考える為には，この擬核の発生と成長を記述する分配関数の具体的な表現が必要である．通常は分配関数を運動量空間で

$$Z_0(N) = \sum_{n_p} e^{-\beta \sum_p \epsilon_p n_p} \tag{2.1}$$

の様に表し，ボース–アインシュタイン凝縮を簡単に取り扱う．しかし，ヘリウム 4 原子間に相互作用が働き，ボース統計の強い影響の下で気体中にクラスターが出来て気体自体が不安定になる様子を調べるには，この $Z_0(N)$ は不向きである．何故ならこれはすべての粒子が，ボース統計の下にある多体波動関数に含まれた後の形を表しているので，粒子が徐々に多体波動関数に加わる様子を見る事が出来ない．第 3 章では温度が下がるにつれて，ボース統計に従う多体波動関数が巨視的なサイズにまで成長していく様子を捉える為に，

$$Z_0(N) = \frac{1}{N!}\left(\frac{m}{2\pi\beta\hbar^2}\right)^{3N/2} \int \sum_{per} \exp\left[-\frac{m}{2\beta\hbar^2}\sum_i^N (x_i - Px_i)^2\right] d^N x_i \tag{2.2}$$

の様に分配関数を配位空間で表す方法を説明する．（ここで P は粒子の入れ替え操作を表す．）この $Z_0(N)$ は先の $Z_0(N)$ と同じ結果を与えるが，液体への相転移に必要な相互作用を導入する際の出発点を与える．

ボース統計は運動量の分布に生じた秩序である．故にボース統計の強い影響の下での液体への相転移を考えるには，引力相互作用の効果を運動量空間での大分配関数を用いて定式化する必要がある．ボース統計に従う多体波動関数は多くの粒子を含むので，第 4 章ではその大分配関数の摂動展開

$$Z_V(\mu) = Z_0(\mu)\sum_{n=0}^{\infty}\frac{(-1)^n}{n!} \times \int_0^\beta d\beta_1 \cdots \int_0^\beta d\beta_n \langle TH_{it}(\beta_1)\cdots H_{it}(\beta_n)\rangle, \tag{2.3}$$

を計算し，

$$Z_V(\mu) = Z_0(\mu)\exp(\Xi_1 + \Xi_2 + \cdots) \tag{2.4}$$

を求める．ここで Ξ_i は $2i$ 個の粒子よりなる閉じたダイアグラムであり，温度が下がるにつれてこの Ξ_i には大きな多角形の形をしたファインマン図形が現れる．第 1 章での古典的気体の気体液体相転移でも大きなクラスター積分が現れたが，このボース気体の巨大なファインマン図形はその量子版である．第 4 章ではある温度でこの大分配関数は発散しボース液体が出現する事を説明する．この気体液体相転移では，図 2.2(b) に示す様に崩壊の為に高密度の塊が生まれ，別々にあった波動関数に重なりが生じる．（図では波型の曲線は波動関数を表す．）その結果，正常相の気体は突如としてボース凝縮相にある液体に変化する．0.05 気圧以下の低圧力で気体ヘリウム 4 を冷していくと，この気体は正常相の液体を経由せずに直接に超流動液体へと相転移を起こすのはその為である．

2.3　フェルミ気体から量子液体へ

フェルミ気体もまたそれ固有の不安定性を秘めていて，これが量子液体の出現につながる．しかしフェルミ粒子にはボース粒子とは異なり，フェルミ統計による短距離での斥力が働く．従ってフェルミ気体が液体に相転移するには，この斥力に打ち勝つ様な強い引力が必要である．逆に言えば，低温では液体になるフェルミ気体が，高温ではこの引力を受けながらも気体として存在しているのは，フェルミ粒子が大きな運動エネルギーを持ち激しく運動しているから

である．故にこのフェルミ粒子に起きる気体液体相転移は，ボース粒子の場合よりもはるかに高い温度領域で，大きな運動エネルギーと強い引力がせめぎ合って起きる．

(1) 気体ヘリウム 3 が気体液体相転移を起こす温度（1 気圧では 3.2 K）は，液体ヘリウム 3 が超流動転移を起こす温度 (2.8 mK) に比べて 1000 倍以上も高い．この様に両者の温度はかけ離れているので，2.8 mK で現れる量子効果が，3.2 K での気体液体相転移にも強く影響しているとは考えにくい．（液体ヘリウム 4 ではこの 2 つの温度は同じオーダーである．）ボース粒子の気体液体相転移とは異なり，フェルミ粒子の気体液体相転移はむしろ古典粒子の気体液体相転移に似ている．フェルミ粒子系の大分配関数は引力とフェルミ統計による斥力のせめぎ合いを反映しており，これを定式化するのは古典粒子系のそれと同様に難しい問題である．古典粒子系では座標空間でこのせめぎ合いを表現したが，フェルミ粒子系では運動量空間でこれを定式化せねばならない．

(2) 高密度のフェルミ粒子系は，フェルミ統計の為にその基底状態においてすでに大きな運動エネルギー（フェルミエネルギー）を持っている．電子はヘリウム原子に比べてはるかに小さな質量を持つので，高密度に集まった電子は大きな速度を持っている．これが，その電子系が気体であるか液体であるかを明確に区別する事を難しくする．この意味では金属中の遍歴電子系は，常に圧力–体積相図の臨界点よりも上の位置にある，という事が出来る．

(3) 現実の系への適用可能性はひとまず置いて，原理上の問題としてフェルミ粒子系の気体液体相転移を考えよう．ヘリウム 3 原子であれ金属中の電子であれ，引力がフェルミエネルギー近くのフェルミ粒子に働く時，これらの粒子はクーパー対を作る．この場合にも古典気体やボース気体と同様に大分配関数から始めねばならない．しかし BCS モデルは変分法を用いて表されているので，直接には大分配関数を扱わない．第 5 章ではゴーダンとランガーが求めた超伝導状態の大分配関数

$$Z_V(\mu) = Z_0 V \int_0^{\infty} dt e^{-Vt} \times \prod_{p=0} \left(\frac{\cosh \dfrac{\beta}{2} \sqrt{(\epsilon_p - \mu)^2 + \dfrac{|U|t}{\beta}}}{\cosh \dfrac{\beta}{2} (\epsilon_p - \mu)} \right)^2 , \tag{2.5}$$

を説明する．この定式化は BCS モデルと等価であるが，大分配関数を用いる統計物理の標準的方法に従っているので，気体の液体への相転移を考察するのには好都合である．BCS モデルは量子多体理論の形成に際して歴史的な役割りを果たしたが，大分配関数を用いるこの方法には方法論的な重要性がある．第 1 章で論じた様にこの大分配関数を複素平面で定義しよう．その零点は複素化学ポテンシャル

$$\mu = \epsilon_p \pm i\sqrt{\Delta^2 + \left[\frac{(2n+1)\pi}{\beta}\right]^2} \qquad (2.6)$$

上にある．（ここで Δ は超伝導状態の秩序変数である．）第 6 章では，この零点は引力 U をいかに強くしても実軸と交わる事はなく，**少なくとも BCS モデルの範囲では，いくら引力を強くしても気体の液体への相転移は起きない事**を示そう．気体ヘリウム 3 で液体への相転移が起きるのは，BCS 理論が想定する 2 体力としての引力だけではなく，多体的な引力が原子間に働いているからである．引力相互作用するフェルミ粒子系で起きる量子気体液体相転移を論じるには，多体的引力の下での大分配関数を求めてその零点を探すか，摂動展開によりフェルミ気体の不安定性を導くかの選択肢がある．しかしこのいずれの方法も実行するのは容易ではなく難しい問題である．

第 3 章
理想ボース気体の統計力学

気体ヘリウム 4 を 0.05 気圧以下の低圧力の環境下で冷やしていくと，気体液体相転移を起こして超流体状態の液体になる．ボース統計はこの現象に本質的な役割りを果たしている．これを考察するには，第 1 章で述べた古典気体の液体への相転移の理論の量子力学版が必要になる．第 3 章ではその為の準備として，理想ボース気体の統計力学を説明する．3.1 節ではボース粒子とフェルミ粒子を支配する量子統計が生まれた歴史を簡単に述べる．3.2 節ではボース凝縮した理想ボース気体の熱力学が，運動量空間では簡潔に表現される事を説明する．この運動量空間を用いる方法は，古くは 1924 年のアインシュタインの古典的な論文ですでに定式化されていた．簡単の為に粒子間の相互作用は無視される．しかしまったく相互作用がないというのは非現実的な仮定であるので，それが原因でこの理想ボース気体のモデルには，ボース凝縮温度 T_c の周りで非現実的な振る舞いが現れる*1)．運動量空間で表現する方法は簡潔で良いのであるが，我々は実際には座標空間において現象を具体的に想像する．これに答える方法として 3.3 節ではボース凝縮を定式化するもう 1 つの方法，すなわち大分配関数を N 次元の座標からなる配位空間で組合せ理論を用いて計算するという，ファインマンと松原による方法を説明する．これは運動量空間での通常のやり方よりも複雑ではあるが，統計力学の標準的方法に従った方法である．この方法の利点は，ボース統計が支配するコヒーレントな多体波動関数が，配位空間で徐々に成長していく様子の直観的なイメージを与える点にある．第 4 章では量子効果の支配する気体液体転移を論じるが，この配位空間を用いる方法はこれに有用な示唆を与える．最後の 3.4 節では古典気体に対する量子補正を説明する．これは量子気体液体相転移を考えるには，より本格的にボース統計を取り入れる必要がある事を理解するのに役立つであろう*2)．

---

*1)　ボース液体ではこの点を改良する為に相互作用を考慮する事が必要になる．

*2)　この章からは $\beta = 1/(k_B T)$ の記法を用いる．

3.1 量子統計の夜明け

この節では，量子統計の研究へと導くに至った物理的な動機を歴史的に簡単に跡づける．

3.1.1 光子とボース粒子

19 世紀の終わりには，古典物理学は 2 つの深刻な原理上の問題に直面していた．それらはいずれも電磁気学の有効性に関わる問題であった．第 1 の問題はエーテルである．電磁気学は電気と磁気に関する現象を説明するのには驚嘆すべき成功を遂げていたにも拘わらず，電磁波の想像上の媒質であるエーテルの存在を示す証拠が得られてはいなかった．第 2 の問題は黒体輻射を説明する上での困難である．物質は熱せられると乱雑に混合した電磁波を放射しまた吸収する．その電磁波の振動数の分布 $f(\nu)$ を計算すると，$\nu \to \infty$ で発散してしまうのである．

物質と熱平衡状態にある電磁波の振動数の分布 $f(\nu)$ は，絶対温度に依存する．電磁波は多くの平面波に分解されるが，波数 k と $k + dk$ の間にある平面波の分布は，$dN = 4\pi k^2 dk \times V/(2\pi)^3$ で与えられる．1 自由度当たりの放射のエネルギー密度を $\langle\epsilon\rangle$ とすると，エネルギーのスペクトル密度は $f(\nu) = 2\langle\epsilon\rangle \times d(N/V)/d\nu$ であるが，それは振動数 $\nu = ck/(2\pi)$ の関数として

$$f(\nu) = \frac{8\pi}{c^3}\nu^2\langle\epsilon\rangle \tag{3.1}$$

と与えられる．

この $\langle\epsilon\rangle$ を，統計力学では次の様に考える．N 自由度から成る系があり，n_p 個の自由度が運動量 p を持つとしよう $(N = \sum n_p)$．N 個の自由度が $\{n_p\}$ に分布する場合の数 W は，$W = N!/\prod_p n_p!$ である．故にその分配関数 $Z(N) = \sum_i e^{-\beta\epsilon_i}$ は

$$Z_0(N) = \sum_{n_p} \frac{N!}{\prod_p n_p!} e^{-\beta\sum_p \epsilon_p n_p} \tag{3.2}$$

の形を持つ．一見したところ，(3.2) はもっともらしい結果である．しかし場合の数 W をエントロピー $S = k_B \log W$ の計算に用いると，得られるエントロピー S は，$N!$ の存在の為に加算的な関数ではない（ギッブスのパラドックス）．この欠陥を直すには，$1/N!$ という因子を和記号の前に

$$Z_0(N) = \frac{1}{N!}\sum_{n_p} \frac{N!}{\prod_p n_p!}\prod_p (e^{-\beta\epsilon_p})^{n_p} \tag{3.3}$$

の様に手で持ち込まねばならない．多項定理の助けを借りると，これは

$$Z_0(N) = \frac{1}{N!}\left(e^{-\beta\epsilon_1} + e^{-\beta\epsilon_2} + \cdots\right)^N = \frac{1}{N!}\left(\sum_p e^{-\beta\epsilon_p}\right)^N \tag{3.4}$$

となる．これはボルツマン分布での分配関数であり，これより $\langle\epsilon\rangle = (1/2)k_BT$ が得られる．古典統計を適用する限り，エネルギー等分配の法則 $\langle\epsilon\rangle = (1/2)k_BT$ は避けがたい結果である．この $\langle\epsilon\rangle$ を (3.1) に用いると，レイリー–ジーンズの法則

$$f(\nu) = \frac{8\pi}{c^3}\nu^2 k_B T \tag{3.5}$$

を得る．この結果は「熱放射のスペクトルが紫外領域 $(\nu \to \infty)$ で発散する」事を意味している．固体の様に有限の自由度を持つ系では，この発散は現実的な困難にはならない．しかし輻射は無限の自由度を持つ系であるので，これを回避する事が出来ず理論は破綻する．黒体輻射を説明するには，理論の単なる改良ではなく，何か革命的なアイデアが必要である事を 19 世紀の人々は感じていた．

世紀の変わり目の 1900 年に，プランクは次の様な $\nu = 0$ から ∞ に至るまでの実験結果によく合う簡単な式

$$f_B(\nu) = \frac{1}{e^{\beta h\nu} - 1}, \tag{3.6}$$

を提案した．ここで h はプランクの定数である．

1900 年のこの提案から 2 ヶ月後，プランクは輻射の源である原子の熱振動に焦点を絞り，「振動のエネルギーが $h\nu$ を単位として量子化されている」と仮定して (3.6) を導き出した[14]．その 5 年後の 1905 年に，アインシュタインは光の放出や吸収はマクスウェル理論の様な連続的な理論では説明出来ないとして，大胆にも議論の焦点を原子から光へと切り替えた[15]．彼は (3.6) の大きな ν の極限 $f(\nu) = e^{-\beta\hbar\nu}$ は，光は $h\nu$ のエネルギーを持つ粒子の集まりである事を意味していると主張した．量子論的な粒子として最初に認知された光子の概念は，この考察にその起源を持っている．ただし統計力学を用いてすべての ν について (3.6) が成り立つ理由を明らかにする事は，次の課題として残された．

1924 年にボースは，「量子論的粒子には個性がなく相互に区別が出来ない」という驚くほど簡単な仮定をすれば，(3.6) がすべての ν について簡単に出てくる事を示した[16]．古典物理で扱う巨視的な粒子は，それぞれが個性を持つので，場合の数を数える際に粒子を区別する様々なやり方がある．しかし微視的な世界では，『粒子はその個性を失って，共通な性質しか持たない』と考えるのは，直観的には納得出来る自然な仮定である．何故なら，巨視的な粒子の様々な個性は微視的な粒子の組み合わせにより生じるが，その微視的な粒子自体はどれも皆同じだからである．

$Z_0(N)$ において，識別出来ない粒子を分布させる場合の数は，(3.2) の様に $N!/(\prod_p n_p!)$ ではなく，厳密にただ一通りである．故に (3.3) の代わりに

$$Z_0(N) = \sum_{n_p} e^{-\beta \sum_p \epsilon_p n_p} \tag{3.7}$$

を得る．(3.3) ではエントロピーが加算的な量になる様に $1/N!$ という因子を掛けたが，この簡単な式ではその必要はない．これは論理的な一貫性という点から言っても，大きな改良である．この系の大分配関数は

$$Z_0(\mu) = \sum_{N=0}^{\infty} e^{-\beta N\mu} Z_0(N) = \prod_p \left[\sum_{n_p=0}^{\infty} e^{-\beta[\epsilon_p-\mu]n_p} \right] \tag{3.8}$$

の様になる．ここで μ は全粒子の数より決まる化学ポテンシャルである．その結果

$$Z_0(\mu) = \prod_p \frac{1}{1-e^{-\beta[\epsilon_p-\mu]}} \tag{3.9}$$

が得られる．光子 ($\epsilon_p = h\nu$) の数は保存されないので，光子の化学ポテンシャルは零 ($\mu = 0$) である．ボースは (3.9) を $N/k_BT = \partial \ln Z_0(\mu)/\partial\mu$ に用い，$\mu = 0$ として (3.6) の $f_B(\nu)$ を簡単に得る事に成功した．これがボース統計の誕生である．

アインシュタインは直ちにこのボースの発見に反応し，粒子が質量を持つか否かに依らず，これが量子論的粒子の一般的性質であると見なした．1924 年から 1925 年にかけて，彼は質量を持つ理想ボース気体についての 2 つの論文を著した[17][18]．最初の論文では，その状態方程式が導かれている．ヘルムホルツの自由エネルギー $F = -k_BT \ln Z_0(\mu)$ は

$$F = k_BT \frac{V}{h^3} \int 4\pi p^2 dp \ln \left(1-e^{-\beta[\epsilon_p-\mu]}\right) \tag{3.10}$$

である．p と $p+dp$ の間の量子状態の数を $4\pi p^2 dp \times V/h^3$ と見なして，大分配関数 (3.8) 中の離散的な和を積分に置き換えた．理想ボース気体の状態方程式は

$$P = -\frac{\partial F}{\partial V}, \qquad N = \frac{V}{h^3} \int 4\pi p^2 dp (1-e^{-\beta[\epsilon_p-\mu]})^{-1} \tag{3.11}$$

で与えられる．質量を持つ粒子の数 N は保存量なので，ボース粒子の化学ポテンシャルは，後者の状態方程式より決まる．$p = 0$ を含む任意の p において，$1-e^{-\beta[\epsilon_p-\mu]} > 0$ が成り立つので，ボース粒子の化学ポテンシャルは零または負の量である．

上の積分では，$p = 0$ と $\mu = 0$ に対応する被積分関数は注意深く扱わねばならない．この被積分関数は発散するが，p^2dp に比例する積分の測度は零である．従ってこの項は $\infty \times 0$ を意味しているので，被積分関数からこの $p = 0$ と $\mu = 0$ のみを取り出して元の和の形に直し，他とは別に考察するのがよい．従って，その状態方程式は

$$\frac{P}{k_BT} = -\frac{4\pi}{h^3}\int_0^\infty p^2 dp \ln(1-e^{-\beta[\epsilon_p-\mu]}) - \frac{1}{V}\ln(1-e^{\beta\mu}), \tag{3.12}$$

$$\frac{N}{V} = \frac{4\pi}{h^3}\int_0^\infty p^2 dp \frac{1}{e^{\beta[\epsilon_p-\mu]}-1} + \frac{1}{V}\frac{e^{\beta\mu}}{1-e^{\beta\mu}} \tag{3.13}$$

となる．両式の最後の項は，再び $4\pi p^2 dp \times V/h^3$ の積分から離脱して得られるので，プランク定数が消えている．

上式の右辺の 2 つの積分は理想古典気体の状態方程式 $P/k_bT = N/V$ へのボース統計の影響を表している．(3.12) の被積分関数に $\ln(1-x) \simeq -x + x^2/2$ と $\epsilon_p = p^2/2m$ を用い，(3.13) と比べて

$$\frac{P}{k_BT} = \left(\frac{N}{V}\right)\left[1 - \frac{\lambda^3}{2^{5/2}}\left(\frac{N}{V}\right)\right], \tag{3.14}$$

を得る．ここで $\lambda = \sqrt{\dfrac{2\pi\hbar^2}{mk_BT}}$ は長さの次元を持ち，「熱波長」と呼ばれる．上式の右辺第 2 項の負の符号は，理想古典気体に比べて，理想ボース気体は同じ条件の下ではより低い圧力を示す事を意味している．これはボース統計に従う粒子「ボソン」は，ボース統計に起因する「引力」を感じる事を意味し，この引力の効果は，系の密度 N/V が増え，λ に含まれる温度 T が低くなると大きくなる．(3.12) と (3.13) の右辺の最後の項は，量子凝縮が最初にその姿を表した姿であり，様々な驚くべき性質の始まりであった．

第 2 論文では，アインシュタインは量子論的粒子の間の相互作用を考察した．「質量を持つ量子論的粒子は，光子と同じく波として振る舞う」というイメージに導かれて，こうした粒子間の相互作用は，アインシュタインの言葉を借りれば「光の回折（フラウンホファー回折）の様に進行し，古典的な粒子間の相互作用とは質的に異なる」と想定された．更に彼は，「古典的な粒子と比べて量子論的粒子では，その波としての性質の為に，その散乱がより顕著に現れ，粒子としての平均自由行程は短くなる」と考えた．この描像に従って，アインシュタインは第 2 論文で「質量を持つ量子論的粒子の集団が低温になると，その粘性は減少する」とも述べている．現代の理解からすれば，アインシュタインこそが超流体の異常な力学的性質に，素朴ではあるが，最初に気づいた人であった．

3.1.2 電子

光子の存在は，アインシュタインがそれを理論的に見つけるまで，人々には知られていなかった．プランクの見つけた実験的な式 (3.6) は，それを説明する為の理論的な努力を鼓舞する重要な役割りを果たし，それが光子の発見へと繋がった．しかし電子の場合は，人々は J.J. トムソンが実験的に電子の存在を確認する前から，すでに電荷を持つ素粒子の存在を仮定していた．しかし光子の場合とは反対に，電子の場合は (3.6) の様な実験式は知られていなかった．

後から考えれば，19 世紀後半の物理学者は電子の量子論的性質を理解する為の手掛りを，既に知っていた事がのちに明らかになる．

19 世紀後半の金属の電子論は，気体分子運動論を電子に当てはめて発展し，金属のいくつかの性質をうまく説明した．しかしこうした成功にも拘わらず，その理論には深刻な欠陥があった．気体分子運動論によれば，金属の電気伝導率の値は，「金属中には 1 原子当たり 1 個程度の伝導電子がある」事を示唆している．この伝導電子は金属の比熱 C にも寄与するであろう．しかしこの仮定に基づいて求めた比熱 C の値は，実験値よりも約 10^4 倍も大きい．これは「金属中の伝導電子は，そのほとんどが熱的に励起していない」事を，従って「ほとんどすべての伝導電子において，個々の励起に必要なエネルギーは，k_BT よりもはるかに大きい」事を意味している．この性質を自然な形で説明するには，「伝導電子には多くの異なるエネルギー準位がある」と考える必要がある．更に「個々のエネルギー順位を占める電子 n_p は，1 個または零である」と仮定するならば，低いエネルギー準位にある電子が，席の空いているより高いエネルギー準位に跳び移る為に必要な励起エネルギーは，k_BT よりもはるかに大きくなるであろう．従って最高の準位のすぐ下にある電子を除けば，ほとんどの電子は励起されない．言い換えれば，「金属中の伝導電子の分布関数 $f(\epsilon_p)$ は，$\epsilon_p < \mu$ では $f(\epsilon_p) = 1$ を満たし，$\epsilon_p > \mu$ では $f(\epsilon_p) = 0$ を満たす」という性質を持つ事になる．（故に化学ポテンシャル μ は最高準位 ϵ_F に等しく，フェルミ準位と呼ばれる．）その様な $f(\epsilon_p)$ として，(3.6) との類推を用いて，最も簡単な形がフェルミとデイラックにより次の様に提案された

$$f_F(\epsilon_p) = \frac{1}{e^{\beta(\epsilon_p - \mu)} + 1}. \tag{3.15}$$

ボース粒子とは対照的に，電子は正の値の化学ポテンシャル μ を持っている．この場合の (3.8) の大分配関数 $Z_0(\mu)$ を計算しよう．その和で許される n_p は，個々の p について $n_p = 0$ か 1 だけである．故に

$$Z_0(\mu) = \prod_p \left(1 + e^{-\beta[\epsilon_p - \mu]}\right), \tag{3.16}$$

$$F = -k_BT \sum_p \ln\left(1 + e^{-\beta[\epsilon_p - \mu]}\right) \tag{3.17}$$

が導かれる．(3.16) を $N/k_BT = \partial \ln Z_0(\mu)/\partial\mu$ に用いると (3.15) の $f_F(\nu)$ が得られ，ここにフェルミ統計が誕生した．

理想フェルミ気体の状態方程式は

$$\frac{P}{k_BT} = \frac{4\pi}{h^3}\int_0^\infty p^2 dp \ln(1 + e^{-\beta[\epsilon_p - \mu]}), \tag{3.18}$$

$$\frac{N}{V} = \frac{4\pi}{h^3}\int_0^\infty p^2 dp \frac{1}{e^{\beta[\epsilon_p - \mu]} + 1} \tag{3.19}$$

となる．$\ln(1+x) \simeq x - x^2/2$ を (3.18) に用いると，更に

$$\frac{P}{k_B T} = \left(\frac{N}{V}\right)\left[1 + \frac{\lambda^3}{2^{5/2}}\left(\frac{N}{V}\right)\right], \tag{3.20}$$

を得る．右辺第 2 項の正の符号は，理想フェルミ気体は，理想古典気体と比べて同じ条件下ではより高い圧力を示す事を意味している．フェルミ粒子はフェルミ統計の為の「斥力」を感じている．(3.14) が理想ボース気体のビリアル展開の第 1 項であるのに対し，(3.20) は理想フェルミ気体のそれに対応する．これらを非理想古典気体のビリアル展開 (1.51) と比べると，古典的粒子の第 2 ビリアル係数 $B(T)$（図 1.2）に，あたかもボース統計あるいはフェルミ統計による粒子間相互作用が現れた様に見える．ボース粒子の場合とは対照的に，フェルミ粒子の状態方程式にはボース凝縮体に対応する異常な項が現れない．しかしそうした見かけにも拘わらず，超伝導（これは驚くべき形のボース凝縮体である）は，フェルミ統計が提案される以前の 1911 年にすでに実験により観測されていたのである．

アインシュタインは統計的方法を量子論的粒子の振る舞いを調べる為に用いたが，彼はそれを微視的な世界を支配する決定論的な法則を得る為の手段と見なしていた．量子力学の確率解釈が現れた時，アインシュタインはそれを基本的な原理とは認めず，その死に至るまで批判し続けた．超流体の詳しい研究は．カピッツァ，アレン，ロンドン，ランダウ，ボゴリューボフ，ティツァなどの後の世代の研究者に委ねられた．

3.1.2.1 波動関数の対称性

1926 年になるとシュレーディンガー方程式が提唱され，量子力学を記述する上で，波動関数が本質的な概念である事が認識された．この観点からすれば，2 個のボース粒子に区別がつかない事（非個別性）は，2 個のボース粒子を表す波動関数が 2 つの入れ替えについて対称的である，つまり

$$\Phi_{ab}(x_1, x_2) = \frac{1}{\sqrt{2}}[\phi_a(x_1)\phi_b(x_2) + \phi_b(x_1)\phi_a(x_2)] \tag{3.21}$$

が成り立つと言い換える事が出来る．同様に，(3.7) で電子が $n_p = 0$ か 1 であるとは，2 個のフェルミ粒子の波動関数 $\Phi(x_1, x_2)$ が 2 つの入れ替えについて反対称的である，つまり

$$\Phi_{ab}(x_1, x_2) = \frac{1}{\sqrt{2}}[\phi_a(x_1)\phi_b(x_2) - \phi_b(x_1)\phi_a(x_2)] \tag{3.22}$$

が成り立つと言い換える事が出来る．もし 2 個の電子が同じ準位 $a = b$ を占めるならば $(n_p = 2)$，その波動関数は $\Phi_{ab}(x_1, x_2) = 0$ となる．(3.21) と (3.22) は，2 粒子の波動関数に可能な 2 つの対称性を尽くしているので，そこに他の可能性はない．(3.22) を示唆する (3.15) という $f_F(\nu)$ の分布は，決して単なる思いつきではなく深い物理的な意味を持っていたのである．

対称あるいは反対称な波動関数のもたらす注目すべき性質として，その「干

渉性」がある．光の干渉を見るには，ヤングの実験が有用である．これと似た様な状況は電子の場合にも現れる．2 個の電子が 2 つのスリット a と b に入射する時，スリットを通過した後の電子の波動関数は (3.22) で表される．粒子に個別性がない事が，粒子が空間的に広がった存在である波として振る舞う事を要求する．$|\Phi_{ab}(x)|^2$ に比例した物理量を観測すると，電子の非個別性は波として現れ干渉を起こす．1927 年にデヴィソンとジャーマーは，ニッケルの薄い結晶を通過した電子のビームが干渉模様を示す事を観測した．

量子論的粒子に個別性がない事は，原子の世界に現れるほとんどすべての異常な現象の原因である．もし 2 個の量子論的粒子を識別しようと試みるならば，非個別性の条件は容易に破壊されてしまい，粒子は波として振る舞う事を止める．個々の粒子の波としての性質は破壊されやすいが，低温高密度の多粒子系ではその波の位相は巨視的な大きさの物理量に反映し，それ自体が安定な古典的物理量になる場合がある．これが以後の本書の主題になる．

3.2 理想ボース気体の熱力学

理想ボース気体の大分配関数 $Z_0(\mu) = \prod(1 - e^{-\beta(\epsilon_p - \mu)})^{-1}$ は

$$Z_0(\mu) = \exp\left[-\frac{V}{h^3}\int 4\pi p^2 dp \ln(1 - ze^{-\beta\epsilon_p})\right] \tag{3.23}$$

と書く事が出来る．ここで $z = e^{\beta\mu}$ と置いた．この対数関数の部分を $p = 0$ と $p \neq 0$ の場合に各々

$$\ln(1 - z) = -\sum_{s=1}^{\infty}\frac{z^s}{s}, \tag{3.24}$$

$$-\frac{4}{\sqrt{\pi}}\int_0^{\infty} x^2 dx \ln(1 - ze^{-x^2}) = \sum_n \frac{z^n}{n^{5/2}} \equiv g_{5/2}(z) \tag{3.25}$$

の様に級数の形で表そう．これらを (3.23) に用いると

$$Z_0(\mu) = \exp\left[V\sum_{s=1}^{\infty}\left(\frac{e^{\beta\mu s}}{s} + \frac{V}{2\lambda^3}\frac{e^{\beta\mu s}}{s^{5/2}}\right)\right] \tag{3.26}$$

を得る．これを状態方程式 $N = k_B T\partial \ln Z_0/\partial\mu$ に用いると

$$\frac{N}{V} = \sum_{s=1}^{\infty}\left(e^{\beta\mu s} + \frac{V}{2\lambda^3}\frac{e^{\beta\mu s}}{s^{1.5}}\right), \tag{3.27}$$

を得る．ここで右辺の各々の項は，大きさ s のコヒーレントな波動関数に属する粒子の数密度を表している．故に理想ボース気体に含まれるコヒーレントな波動関数のサイズ分布 $h(s)$ はそれらを s で割って以下の様に得られる．

$$h(s) = \begin{cases} \dfrac{\exp(\beta\mu s)}{s} & p = 0 \\[2ex] \dfrac{V}{2\lambda^3}\dfrac{\exp(\beta\mu s)}{s^{2.5}} & p \neq 0. \end{cases}$$

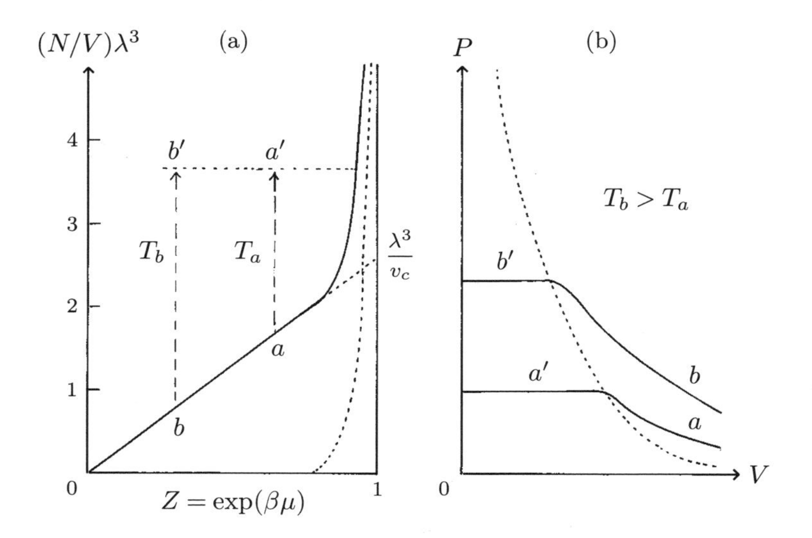

図 3.1 (3.30) が与える $(N/V)\lambda^3$ 対 $z = \exp(\beta\mu)$ の模式的な図．(b) (3.29) により得られる P 対 V の図．理想古典気体の図 1.7 と比較せよ．

化学ポテンシャル μ が，コヒーレントな波動関数のサイズ分布 $h(s)$ を決めているというこの結果は，以下の章で重要な役割を果たすであろう．

3.2.1 ボース–アインシュタイン凝縮

理想ボース気体の状態方程式 (3.12) と (3.13) の右辺の積分を，(3.25) と

$$\frac{4}{\sqrt{\pi}}\int_0^\infty x^2 dx \frac{1}{z^{-1}e^{-x^2}-1} = \sum_n \frac{z^n}{n^{3/2}} \equiv g_{3/2}(z) \tag{3.28}$$

を用いて $e^{\beta\mu} = z$ の冪展開で表そう．この展開を用いて理想ボース気体の状態方程式は以下の様になる[18]．

$$P = \frac{k_B T}{\lambda^3} g_{5/2}(e^{\beta\mu}) - \frac{k_B T}{V}\ln(1 - e^{\beta\mu}), \tag{3.29}$$

$$\frac{N}{V}\lambda^3 = g_{3/2}(e^{\beta\mu}) + \frac{\lambda^3}{V}\frac{e^{\beta\mu}}{1 - e^{\beta\mu}}. \tag{3.30}$$

図 3.1(a) は，(3.30) における $z = e^{\beta\mu}$ の関数としての $(N/V)\lambda^3$ を表している．右辺の関数 $g_{3/2}(z)$ は $z \simeq 0$ から直線的に増加し，点線で表した右辺第 2 項の為に $z = 1$ で $(N/V)\lambda^3$ に鋭いピークが現れる．任意の値の $(N/V)\lambda^3$ に対応する μ は，このグラフより求められる．

(1) 高温度では $(N/V)\lambda^3$ は小さいので，$z \simeq 0$，即ち $\mu \ll 0$ を得る．

(2) 温度が下がるにつれて $(N/V)\lambda^3$ は増加する，故に $z = e^{\beta\mu}$ は徐々に 1 に近づく．

(3) (3.30) の右辺第 2 項が第 1 項と同じ程度の大きさになるのは，2 つの点

線が交わる時，すなわち $(N/V)\lambda^3$ が $g_{3/2}(1) = 2.612$ に達した時である．この時の 1 粒子当たりの体積 V/N を v_c とし，$2.612 = \lambda^3/v_c$ と置く．

(4) この温度以下では $(N/V)\lambda^3 > \lambda^3/v_c$ が成り立ち，$z = 1$ にある鋭いピークが実質的に (3.30) の解を決定する．この現象をボース–アインシュタイン凝縮 (BEC) と呼ぶ．$\lambda^3 = 2.612v_c$ を満たす λ 中の気体の温度 T_0 をボース–アインシュタイン凝縮相への転移温度と見なそう．この温度以下では z は実質的には 1 に固定され，$\mu = 0$ が維持される．

以上をまとめると，**負の値を持つ μ は温度が下がると徐々に零に近づき，遂には T_0 以下の温度で $\mu = 0$ に固定される**．この $\mu(T)$ の温度依存性を図 3.2 の上部に模式的に描いた．

(a) T_0 以下の温度では，有限の質量を持つ粒子の化学ポテンシャルは零になる $(\mu = 0)$．この結果は，光子からなる気体は常に $\mu = 0$ である事を思い起こさせる．光子は「質量を持たず他の光子とも相互作用しない」という点で，ボース粒子の中で独自の位置を占めている．温度 T で物質と相互作用している光子の数 N は，$\partial F/\partial N = 0$ の条件により熱力学的に決まる．$\partial F/\partial N$ は μ の定義であるので，$\mu = 0$ は，熱平衡にある光子がすべての温度で持つ固有の性質である．（もし有限の値 μ を持つ光子が観測されるならば，それは非平衡状態にある光子である．）

(b) 光子とは対照的に，質量を持つ理想ボース気体では $\mu = 0$ という条件は，$T < T_0$ においてのみ実現する．$T < T_0$ で励起されたボース粒子の分布は (3.6) と似た公式

$$f_B(\epsilon) = \frac{1}{\exp(\beta\epsilon) - 1}, \tag{3.31}$$

で与えられる．ボース凝縮体から励起されたボース粒子と，黒体輻射中の光子との類推が可能である．

(c) ボース凝縮温度 T_0 は $(N/V)\lambda^3 = 2.612$，即ち

$$k_B T_0 = \frac{2\pi\hbar^2}{m}\left(2.612\frac{V}{N}\right)^{-2/3}, \tag{3.32}$$

により与えられる．これは大きな密度 N/V を持つボース粒子系ほど，高い転移温度 T_0 を示す事を意味している．

この $\lambda^3 = 2.612(V/N)$ は，次の様な物理的な意味を持っている．個々の粒子の $T \simeq 0\,\mathrm{K}$ での運動エネルギーは，大体は $(\delta p)^2/2m \simeq k_B T$ の程度である．不確定性原理によれば，量子論的な粒子の位置 δx は，$\delta p \delta x \simeq \hbar$ を満たす程度に広がっている．これをド・ブロイ波長と呼ぶ．左辺に現れる粒子の熱波長 $\lambda = \hbar/\sqrt{2\pi m k_B T}$ とは，温度 T での量子論的な粒子のド・ブロイ波長 $\delta x = \hbar/\delta p$ である．一方，右辺の V/N は粒子間の平均的な距離の 3 乗である．従って $\lambda^3 = 2.612(V/N)$ が満たされる低い温度に達すると，個々の粒子の波

動関数は他の粒子の波動関数と重なり始める．この条件 $\lambda_0^3 = 2.612(V/N)$ は，**熱波長 λ から決まる熱力学的な体積 λ^3 が，1 粒子当たりの平均的な体積 V/N と同程度になる時に，転移が起きる**事を意味している．λ は $1/\sqrt{mT}$ に比例するので，軽いボース粒子ほど高い温度でもこの条件を満たす事が出来る．

(d) 数密度 N/V を持つボース粒子系の化学ポテンシャル μ の値は，任意の温度 T において (3.30) を満たす様に決まる．この μ を用いて (3.29) を通じて，圧力 P も同時に決まる．その結果，等温 P–V 曲線が図 3.1(b) の様に決定される．この図は，任意の温度 T において理想ボース気体を圧縮すると，1 粒子当たりの体積 V/N がある値 v_c より小さくなる時，等温 P–V 曲線の形に変化が生じる事を示している．図 3.1(a) に描く様に，体積が v_c 以下になると λ^3/v はピーク状になり，$e^{\beta\mu}$ は実質的に 1 に等しくなる．反対に，体積が $V \to \infty$ となると $e^{\beta\mu}$ はゼロに近づく．これを (3.29) に当てはめると，圧力 P は図 3.1(b) の様に

$$P = \frac{k_B T}{\lambda^3} g_{5/2}(e^{\beta\mu}) \ ; \ v > \frac{\lambda_0^3}{2.612} \equiv v_c \tag{3.33}$$

と振る舞う．一定の温度で理想ボース気体を圧縮していくと，体積 $v_c(T)$ 以下ではその圧力は体積に依らなくなり，P–V 曲線に平らな形が現れる．

$$P = \frac{k_B T}{\lambda^3} g_{5/2}(1) \ ; \ v < \frac{\lambda_0^3}{2.612} \equiv v_c. \tag{3.34}$$

図 3.1(a) では，この過程を温度 T_a と T_b $(> T_a)$ で示し，図 3.1(b) では，その結果得られる P–V 曲線を描いた．一見すると図 3.1 は，第 1 章で非理想古典気体の不安定性を論じた際に示した図 1.7 に似ている．しかし図 3.1 は運動量空間でのボース凝縮であるのに対して，図 1.7 は座標空間での液体への凝縮である．

現実には気体ヘリウム 4 の $T < T_0$ での圧力は，体積が減少するにつれて少し増加する．この P–V 曲線での完全に平らな形は，理想気体という単純化されたモデルの特徴である．この単純化を行った為に，T_0 付近ではこの模型に特有の非現実的な性質が現れる．（これは 3.2.4 節で論じる.）

理想ボース気体の熱力学的性質を (3.29) と (3.30) を用いて $T \simeq 0\,\mathrm{K}$ と $T \simeq T_0$ に分けて論じよう．理想ボース気体の熱力学的性質が温度とともにどう変化するかは，第 4 章でボース粒子間の相互作用を論じる際にその前提となる．

3.2.2　絶対零度付近での熱力学的性質

$T \simeq 0\,\mathrm{K}$ においては，運動量 $\hbar k$ を持つボース粒子の平均的な数 $\langle n_k \rangle$ は，およそ

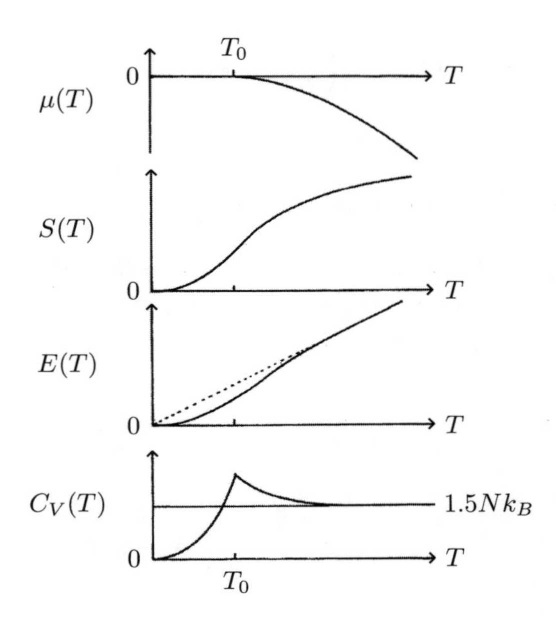

図 3.2 理想ボース気体の化学ポテンシャル $\mu(T)$，エントロピー $S(T)$，エネルギー $E(T)$，比熱 $C_V(T)$ の温度依存性の模式的な図．

$$\langle n_k \rangle = \begin{cases} k_BT/\epsilon_k & \epsilon_k < k_BT \\ 0 & \epsilon_k > k_BT \end{cases} \tag{3.35}$$

と見積もる事が出来る．

この近似を使えば，ボース凝縮体より励起された全ボース粒子の数 $N' = \sum_{k \neq 0} n_k$ を表す式

$$N' = \sum_{\epsilon_k < k_BT} \frac{k_BT}{\epsilon_k} = \frac{V}{2\pi^2} \left(\frac{2mk_BT}{\hbar^2} \right)^{3/2} \tag{3.36}$$

を得る．転移温度 T_0 ではすべての粒子がすでに励起されているとして，上式の $T = T_0$ では N' を N に，T を T_0 に置き換える．これと (3.36) とを比べて

$$\frac{N'}{N} = \left(\frac{T}{T_0} \right)^{3/2} \tag{3.37}$$

を得る．

この関係は，図 3.2 に示す種々の熱力学量の $T \simeq 0\,\mathrm{K}$ での温度依存性を，以下の様に近似的に見積もるのに役立つ．

エネルギー

$$E = N \left(\frac{N'}{N} \right) k_BT \simeq N \left(\frac{T}{T_0} \right)^{3/2} k_BT. \tag{3.38}$$

比熱

$$C_V \simeq N\left(\frac{T}{T_0}\right)^{3/2} k_B. \tag{3.39}$$

エントロピー

$$S = \int CdT/T \simeq N\left(\frac{T}{T_0}\right)^{3/2} k_B. \tag{3.40}$$

より正確には，エネルギー $E = (3/2)PV$ の P として，(3.34) の $v < v_c$ での圧力 $P = (k_BT/\lambda^3)g_{5/2}(1)$ を用いると，他の量の $T = 0\,\mathrm{K}$ 直上での表式が以下の様に得られる．

エネルギー

$$\begin{aligned} E = \frac{3}{2}PV &= \frac{3}{2}\frac{V}{\lambda^3}g_{5/2}(1)k_BT \\ &= \frac{3}{2}g_{5/2}(1)\left(\frac{m}{2\pi\hbar^2}\right)^{3/2} V(k_BT)^{5/2}. \end{aligned} \tag{3.41}$$

比熱

$$\begin{aligned} C_V = \left(\frac{\partial E}{\partial T}\right)_V &= \frac{15}{4}\frac{V}{\lambda^3}g_{5/2}(1)k_B \\ &= \frac{15}{4}g_{5/2}(1)k_B\left(\frac{m}{2\pi\hbar^2}\right)^{3/2} V(k_BT)^{3/2}. \end{aligned} \tag{3.42}$$

エントロピー

$$\begin{aligned} S = \int_0^T \frac{C_V}{T}dT &= \frac{5}{2}\frac{V}{\lambda^3}g_{5/2}(1)k_B \\ &= \frac{5}{2}g_{5/2}(1)k_B\left(\frac{m}{2\pi\hbar^2}\right)^{3/2} V(k_BT)^{3/2}. \end{aligned} \tag{3.43}$$

ヘルムホルツの自由エネルギー

$$\begin{aligned} F = E - TS &= -\frac{V}{\lambda^3}g_{5/2}(1)k_BT \\ &= -g_{5/2}(1)\left(\frac{m}{2\pi\hbar^2}\right)^{3/2} V(k_BT)^{5/2}. \end{aligned} \tag{3.44}$$

図 3.2 に理想ボース気体のエントロピー $S(T)$，エネルギー $E(T)$，比熱 $C_V(T)$ の温度依存性を示した．理想ボース気体のエントロピーは，$T \to 0$ につれて急速に零に近づく．ボース多粒子系は温度を下げていくと，同じ状態を占めようとする固有の性質を示すからである．逆に温度が $T = 0\,\mathrm{K}$ より上昇する時には，系の基底状態からの励起が協力的に起きる．もしこうした励起が理想古典気体の様に独立して起きるなら，上に挙げた熱力学量は温度 T に比例するであろう．エントロピー S と比熱 C_V が $T^{3/2}$ の依存性を持つ事は，「粒子間相互作用を導入しなくても，凝縮体からの励起は協力的な性質を帯びている」事を反映している．それはボース統計の為せる技である．

3.2.3　ボース凝縮温度直上での熱力学的性質

理想ボース気体のボース凝縮温度 T_0 近くの振る舞いを調べよう．(3.37) は N'/N の $T \simeq 0\,\mathrm{K}$ での式であるが，T_0 近くの N'/N の第 1 近似としても用いる事が出来る．凝縮したボース粒子数 N_0 の全ボース粒子数 N に対する割合は，T_0 の直下では $T/T_0 = 1 - (T_0 - T)/T_0$ を用いて

$$\frac{N_0}{N} = \frac{N - N'}{N} = 1 - \left(\frac{T}{T_0}\right)^{3/2} \Longrightarrow \frac{3}{2}\left|\frac{T_0 - T}{T_0}\right| \tag{3.45}$$

となる．現実の液体ヘリウム 4 に比べて理想ボース気体では粒子間の相互作用がない為にボース凝縮の協力現象としての程度が弱い．個々の粒子はボース統計に従いながら，むしろ独立して凝縮体に加わりまたは離れる．

ボース粒子は同じ状態を占めようとする固有の性質を持っているので，より多くの粒子が集合すると自由エネルギーが下がる．つまりボース粒子の化学ポテンシャルは負の量である．正常相のボース粒子系の温度を下げて T_0 の近くになると，巨視的な数のボース粒子が同じ状態を占める．更に $T < T_0$ に達すると，ボース粒子が凝縮体に加わっても，または離れても自由エネルギーは変化しない．この事は，正常相で温度を下げていくと，負の化学ポテンシャル μ が連続的に零に近づく事を意味している．$\mu(T)$ のこの様な温度依存性は (3.29) と (3.30) の連立した状態方程式に陰関数の形で含まれている．次の節では，これを陽関数の形で求めよう．

3.2.3.1　メリン変換

$\mu(T)$ の関数形を求めるには，(3.30) の $g_{3/2}(e^{\beta\mu})$ を展開せねばならない．しかし，T_0 直上すなわち $e^{-\beta\mu} \simeq 1$ の時には，$e^{-\beta\mu}$ についての展開

$$g_{3/2}(e^{\beta\mu}) = \sum_n \frac{e^{-\beta\mu n}}{n^{3/2}} \tag{3.46}$$

の収束は極めて遅い．T_0 直上での計算には，むしろ $g_{3/2}(e^{\beta\mu})$ を $\beta\mu$ で展開するのが適当である．この為には，メリン変換が便利である．関数 $g(\alpha)$ のメリン変換は

$$f(s) = \int_0^\infty g(\alpha)\alpha^{s-1}d\alpha, \tag{3.47}$$

と定義される．またその逆変換は

$$g(\alpha) = \frac{1}{2\pi i}\int_{c-i\infty}^{c+i\infty} f(s)\alpha^{-s}ds \tag{3.48}$$

で与えられる．

ここでロビンソン [19] に従って (3.46) をメリン変換する．$\sum_n e^{-\beta\mu n}/n^{3/2}$ で $\beta\mu = \alpha$ と置き，これを (3.47) の $g(\alpha)$ と見なそう．すると

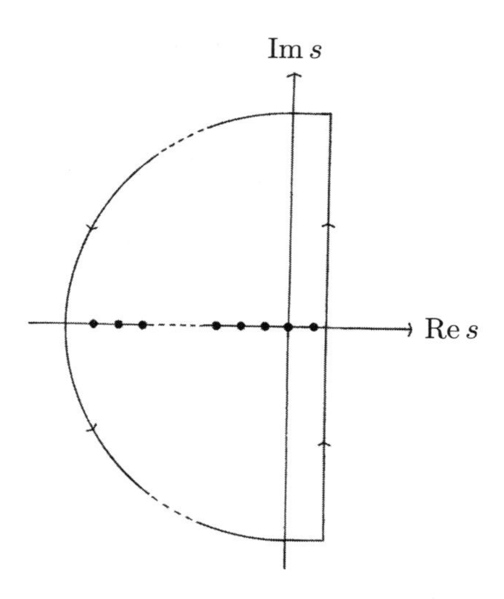

図 3.3　(3.48) のメリン変換を評価する為の積分路.

$$f(s) = \sum_n \frac{1}{n^{3/2}} \int_0^\infty e^{-n\alpha} \alpha^{s-1} d\alpha \tag{3.49}$$

を得る．ζ 関数と Γ 関数の定義

$$\zeta(x) = \sum_{n=1}^\infty \frac{1}{n^x}, \qquad \frac{1}{n^s}\Gamma(s) = \int_0^\infty e^{-n\alpha}\alpha^{s-1} d\alpha, \tag{3.50}$$

を用いると，$f(s)$ は

$$f(s) = \zeta(\frac{3}{2}+s)\Gamma(s) \tag{3.51}$$

と表される．これに逆変換

$$g(\alpha) = \int_{c-i\infty}^{c+i\infty} \zeta(\frac{3}{2}+s)\Gamma(s)\alpha^{-s} ds \tag{3.52}$$

を行うと，元の関数 $g_{3/2}(e^{\beta\mu})$ の $\beta\mu$ の関数としての形があらわになる．

(3.52) は複素数 s についての線積分であって，その積分路は図 3.3 に描かれた直線部である．$\zeta(s)$ と $\Gamma(s)$ は以下の様に実軸上の 1 と $-n$ の位置に極を持つ．

$$\zeta(s) \simeq \frac{1}{s-1}, \qquad \Gamma(s) \simeq \frac{(-1)^n}{n!}\frac{1}{s+n}. \tag{3.53}$$

図 3.3 の弧の上の被積分関数は無限大の半径を取ると消える．故に $g(\alpha)$ は以下の様に $s=-1/2$ と $-n$ の極で与えられる．

$$g(\alpha) = \Gamma(-\frac{1}{2})\alpha^{1/2} + \sum_{n=0}^\infty \frac{(-1)^n}{n!}\zeta(\frac{3}{2}-n)\alpha^n. \tag{3.54}$$

こうして $g_{3/2}(e^{\beta\mu})$ の $\alpha = \beta\mu$ についての有用な展開

$$g_{3/2}(e^{\beta\mu}) = 2.612 - 2\sqrt{\pi}(\beta\mu)^{0.5} + 1.460\beta\mu - 0.104(\beta\mu)^2 + 0.00425(\beta\mu)^3 - \cdots \tag{3.55}$$

を得る[19]．似た手続きにより

$$g_{5/2}(e^{\beta\mu}) = 1.342 - 2.612\beta\mu + 2.363(\beta\mu)^{1.5} - 0.730(\beta\mu)^2 + 0.0347(\beta\mu)^3 - \cdots \tag{3.56}$$

も得られる．

3.2.3.2 T_0 より上での化学ポテンシャル $\mu(T)$

$\mu(T)$ の温度依存性を，状態方程式に (3.55) の展開を用いて求めよう．(3.30) に $V/(N/\lambda^3)$ を掛けると

$$1 = \frac{1}{N}\frac{1}{e^{-\beta\mu} - 1} + \frac{V}{N}\frac{g_{3/2}(e^{\beta\mu})}{\lambda^3} \tag{3.57}$$

を得る．T_0 の近くでは体積 V は $V_c = N\lambda_0^3/g_{3/2}(1)$ と近似出来て

$$1 = \frac{1}{N}\frac{1}{e^{-\beta\mu} - 1} + \left(\frac{\lambda_0}{\lambda}\right)^3 \frac{g_{3/2}(e^{\beta\mu})}{g_{3/2}(1)} \tag{3.58}$$

となる．右辺の $g_{3/2}(e^{\beta\mu})$ に，(3.55) の展開の第 1 項と第 2 項を用いて

$$1 = \frac{1}{N|\beta\mu|} + \left(\frac{T}{T_0}\right)^{1.5}\left[1 - \frac{2\sqrt{\pi}}{g_{3/2}(1)}\sqrt{|\beta\mu|}\right] \tag{3.59}$$

を得る．両辺に $|\beta\mu|$ を掛けると，以下の様な $|\beta\mu| \equiv x$ についての方程式

$$\left(\frac{T}{T_0}\right)^{1.5}\frac{2\sqrt{\pi}}{g_{3/2}(1)}x^{1.5} + \left[1 - \left(\frac{T}{T_0}\right)^{1.5}\right]x = \frac{1}{N} \tag{3.60}$$

を得る．$N \to \infty$ の系では，$1/N$ を無視して

$$x = \left(\frac{g_{3/2}(1)}{2\sqrt{\pi}}\right)^2\left[\left(\frac{T_0}{T}\right)^{1.5} - 1\right]^2 \tag{3.61}$$

を得る．T_0 直上の $\mu_0(T)$ を求める為には，$(T_0/T)^{1.5} \simeq 1 - 3(T - T_0)/(2T_0)$ と展開して

$$\mu_0(T) = -\left(\frac{g_{3/2}(1)}{2\sqrt{\pi}}\right)^2\left(\frac{3}{2}\right)^2 k_B T_0 \left(\frac{T - T_0}{T_0}\right)^2 \tag{3.62}$$

を得る．図 3.2 に描く様に，正常相から温度を下げて T_0 に近づくと，負の

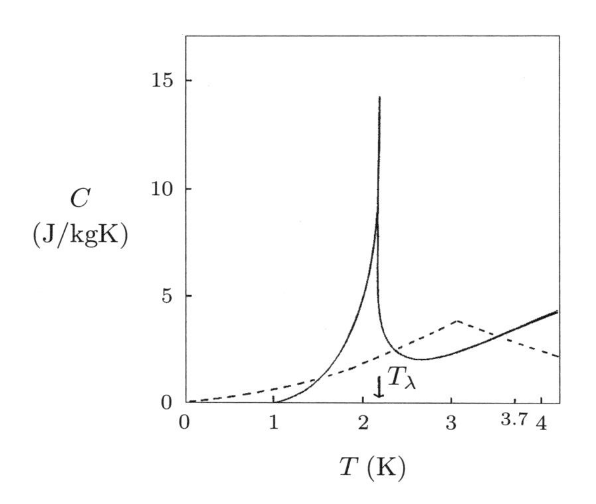

図 3.4　1 気圧下の液体ヘリウム 4 の比熱．細い実線のピークは正常相から超流動相への転移を表す．参考の為に描いた 3.14 K の転移温度を示す破線は，液体ヘリウム 4 と同じ密度を持つ理想ボース気体の比熱である．これを超伝導体の比熱 $C_v(T)$（図 5.13）と比べられたい．

$\mu_0(T)$ は零に近づき，遂には T_0 で零に到達する．

相互作用するボース粒子系では，その相互作用が実際のボース凝縮温度 T_λ に繰り込まれているとして，この系の化学ポテンシャル $\mu(T)$ の第 1 近似としては (3.62) の T_0 を T_λ で置き換えた式を用いる．(3.27) に見る様に，化学ポテンシャル $\mu(T)$ はコヒーレントな多体波動関数の大きさ s の分布 $h(s)$ を $h(s) = e^{\beta\mu s}/s$ と与える．T_0 に近づくにつれて $\mu \to 0$ となるので，この分布は指数分布から冪分布 $1/s$ に変化し，大きな多体波動関数が姿を現し始める．第 4 章では引力相互作用するボース気体での，量子統計の支配する気体液体相転移を論じるが，(3.62) はそこで重要な役割りを果たすであろう．

3.2.3.3　ボース凝縮温度直上の熱力学的性質と相転移の分類

T_0 より上の温度の理想ボース気体のエネルギー E と比熱 C_V を得るには，(3.41) と (3.42) で $g_{5/2}(1)$ の代わりに，(3.62) の $\mu_0(T)$ を用いた $g_{5/2}(e^{\beta\mu_0(T)})$ を使えば，以下の様に求まる．

エネルギー

$$E = \frac{3}{2}PV = \frac{3}{2}\frac{V}{\lambda^3}g_{5/2}(e^{\beta\mu_0(T)})k_BT. \tag{3.63}$$

比熱

$$C_V = \left(\frac{\partial E}{\partial T}\right)_V$$

$$= \frac{V}{\lambda^3}\left(\frac{15}{4}g_{5/2}(e^{\beta\mu_0(T)})k_B - \frac{3}{2}g_{3/2}(e^{\beta\mu_0(T)})e^{\beta\mu_0(T)}\frac{d\mu_0(T)}{dT}\right). \tag{3.64}$$

ここで $dg_{5/2}(z)/dz = -g_{3/2}(z)$ を用いた.

エーレンフェストは相転移温度で不連続になる熱力学量に注目して，相転移のタイプを次の様に分類した.

(1) エントロピー $S(T)$ はヘルムホルツの自由エネルギー $F(T)$ の温度についての 1 階微分であるが，これが不連続になる相転移を 1 次相転移とし

(2) 比熱 $C_p = T(dF^2/dT^2)$ は $F(T)$ の 2 階微分であるが，これが不連続になる相転移を 2 次相転移とした.

液体ヘリウム 4 の λ 転移では，比熱が 図 3.4 に示した様に鋭い特異性を示す．故にエーレンフェストの分類に従えば，この λ 転移は 2 次相転移になる．この相転移ではボース統計だけではなくヘリウム 4 原子間の相互作用も働いている.

これに対して理論上の産物である理想ボース気体の相転移は，ボース統計のみから生じる特異な相転移である．この特異な性格は図 3.2 において，エネルギー $E(T)$ やエントロピー $S(T)$ だけではなく，比熱 $C(T)$ もまた T_0 で連続的に変化する点に現れている．比熱の温度微分 dC_V/dT（自由エネルギーの 3 階微分）のみが，不連続的に変化する．これは理想化された模型が示す非現実的な一面であって，粒子間の相互作用を考えると，比熱に不連続が現れる通常の 2 次相転移になる．理想ボース気体のこの特異な性質を強調する場合には，エーレンフェストの分類に従って，理想ボース気体の相転移をしばしば 3 次相転移と呼ぶ事がある．理想ボース気体が，液体ヘリウム 4 の λ 転移と比べるとゆるやかな相転移を示すのは，粒子間の相互作用がないからである．粒子間に相互作用を導入すると，系の協力現象としての性質が強まり比熱 C が T_λ で劇的に変化する図 3.4 に近づく.

3.2.4　理想ボース気体と揺らぎ

理想ボース気体の BEC 相での圧力は，図 3.1 に示す様に，$v < v_c$ では一定になり体積には依らない．この結果を文字通りに受け取ると，熱的な揺らぎが非現実的な程にまで大きくなる事を以下に示そう.

対象である系 1 が，はるかに大きな熱浴である系 2 に囲まれていて，両者は一つの閉じた系を成しているとしよう．全エントロピー $S_t = S_1 + S_2$ の変分は，考えている対象の変数だけを用いて

$$\delta S_t = \delta S_1 - \frac{\delta E_1 + P\delta V_1}{T} \tag{3.65}$$

と表される．この熱平衡状態に生じる揺らぎを考える.

(a) 巨視的な変数 X が $2N$ 個の微視的な変数 p_i，q_i より決まる位相

空間を考えよう．X が X_0 の値を取る確率 $P(X=X_0)$ は，p_i，q_i が $X(p_1,q_1,\ldots,p_N,q_N)=X_0$ を与える様な位相空間中の体積 $\Gamma(X_0)$ に比例している．これは純粋に確率論的な関係である．他方，エントロピーの定義 $S_t=k_B\log\Gamma$ は，熱力学量と確率をつなぐ関係である．この 2 つの関係を結びつければ，確率 $P(X_0)$ を熱力学量で表す

$$P(X_0)=\frac{\Gamma(X_0)}{\Gamma_0}=\text{const.}\times\exp\left(\frac{S_t[X_0]}{k_B}\right) \tag{3.66}$$

が得られる．ここで Γ_0 は位相空間の全体積を表す．巨視的な系の熱平衡状態では平衡値 X_0 のまわりの揺らぎは極めて小さい．しかし厳密に零ではなく，その値は位相空間の構造に依存している．エントロピー $S_t[X]$ が X_0 で緩やかな極大を示す場合は，$S_t(X_0+\delta X)$ は急激には小さくならず，$P(X_0+\delta X)$ は X_0 のまわりで無視出来ない値を持つ．この時には，巨視的な変数 X にも測定可能な揺らぎが生じる．

(b) 全エントロピーの極小点 $\delta S_t=0$ の周りの変分を，系 1 のみの量で表した

$$\delta S_t(x)=-\frac{\delta E-T\delta S+P\delta V}{T} \tag{3.67}$$

を考える．右辺の分子を S と V の 2 次まで展開すると，

$$\delta E-T\delta S+P\delta V=\frac{1}{2}\left(\frac{\partial^2E}{\partial S^2}(\delta S)^2+2\frac{\partial^2E}{\partial S\partial V}\delta S\delta V+\frac{\partial^2E}{\partial V^2}(\delta V)^2\right) \tag{3.68}$$

を得る．何故なら左辺の第 1 項 δE を，S と V の 2 次まで展開すると

$$\delta E=\frac{\partial E}{\partial S}\delta S+\frac{\partial E}{\partial V}\delta V+\frac{1}{2}\left(\frac{\partial^2E}{\partial S^2}(\delta S)^2+2\frac{\partial^2E}{\partial S\partial V}\delta S\delta V+\frac{\partial^2E}{\partial V^2}(\delta V)^2\right) \tag{3.69}$$

であるが，$\partial E/\partial S=T$ と $\partial E/\partial V=-P$ の為に，上式の右辺第 1 項と第 2 項が，(3.68) の左辺第 2 項と第 3 項と逆符号になるからである．(3.68) の右辺を微分量の変分を用いて表すと

$$\frac{1}{2}\left[\delta S\delta\left(\frac{\partial E}{\partial S}\right)+\delta V\delta\left(\frac{\partial E}{\partial V}\right)\right]=\frac{1}{2}(\delta S\delta T-\delta V\delta P) \tag{3.70}$$

の様に簡単になる．

(c) 全エントロピーの変分は，(3.68) と (3.70) を用いて手短かに

$$\delta S_t(x)=-\frac{\delta E-T\delta S+P\delta V}{T}=-\frac{1}{2T}[\delta T\delta S-\delta V\delta P] \tag{3.71}$$

と書く事が出来た．全エントロピー極大の状態では $\delta S_t(x)=0$ であるが，それからのずれは熱力学変数の揺らぎの 2 乗として表される．これより (3.66) で X_0 が δX だけ揺らぐ確率は

$$P(X_0+\delta X) = \text{const.} \times \exp\left(\frac{-\delta T\delta S + \delta P\delta V}{2k_BT}\right) \tag{3.72}$$

である．T と V を独立な変数 X_0 として選び，$P(\delta T, \delta V)$ を考えよう．上式の指数部の δS と δP を δT と δV で表すと

$$\delta S = \left(\frac{\partial S}{\partial T}\right)_V \delta T + \left(\frac{\partial S}{\partial V}\right)_T \delta V, \tag{3.73}$$

と

$$\delta P = \left(\frac{\partial P}{\partial T}\right)_V \delta T + \left(\frac{\partial P}{\partial V}\right)_T \delta V \tag{3.74}$$

となる．この式を (3.72) の指数部に用いると，この指数部は $(\delta V)^2$ と $(\delta T)^2$ と $\delta V\delta T$ からなる．交差項の係数について $(\partial S/\partial V)_T = \partial(\partial F/\partial T)_V/\partial V = \partial(\partial F/\partial V)_T/\partial T = (\partial P/\partial T)_V$ が成り立つので，これを用いると交差項 $\delta V\delta T$ は消えて

$$P(\delta T, \delta V) = \text{const.} \times \exp\left(-\frac{C_V}{2k_BT^2}(\delta T)^2 + \frac{1}{2k_BT}\left(\frac{\partial P}{\partial V}\right)_T (\delta V)^2\right), \tag{3.75}$$

を得る．ここで $C_V = T(\partial S/\partial T)_V$ は揺らいでいる領域が示す比熱である．通常の気体では $(\partial P/\partial V)_T < 0$ であるので，大きな揺らぎが実現する確率は小さい．しかし図 3.1(b) で理想ボース気体のボース凝縮相（BEC 相）では $(\partial P/\partial V)_T = 0$ であるので，体積の揺らぎ δV がいかに大きくても，それが実現する確率は小さくない．つまり，この気体は体積の変化 δV に対して安定ではない．BEC 相にある理想ボース気体の体積はどんな値でも取れる事になり，これは巨視的な系が持つはずの熱力学的安定性に矛盾する結果である．

この理想ボース気体の非現実的な性質は，他の熱揺らぎにも現れる．(3.75) では交差項 $\delta T\delta V$ が指数部から消えているので，δT と δV は独立に揺らぐ事が可能で，個別にガウス分布

$$P(X)dX = \frac{1}{\sqrt{2\pi\langle X^2\rangle}} \exp\left(-\frac{X^2}{2\langle X^2\rangle}\right) dX \tag{3.76}$$

に従う．この $P(X)$ と (3.75) を比べると，

$$\langle(\delta T)^2\rangle = \frac{k_BT^2}{C_v}, \tag{3.77}$$

$$\langle(\delta V)^2\rangle = -k_BT\left(\frac{\partial V}{\partial P}\right)_T \tag{3.78}$$

を得る．(3.78) の両辺を N^2 で割ると

$$\langle(\delta\left(\frac{V}{N}\right))^2\rangle = -\frac{k_BT}{N^2}\left(\frac{\partial V}{\partial P}\right)_T \tag{3.79}$$

を得る．この結果は N 一定の場合だけではなく，N が変化し V が一定の場

合でも成り立つ．この場合は $\delta(V/N) = -(V/N^2)\delta N$ となるのでこれを用いると，

$$\langle(\delta N)^2\rangle = -\frac{k_B T N^2}{V^2}\left(\frac{\partial V}{\partial P}\right)_T, \tag{3.80}$$

を得る．図 3.1(b) では，$T < T_0$ で $(\partial P/\partial V)_T = 0$ であるが，これを (3.80) に用いると粒子数の揺らぎは理想ボース気体の BEC 相では発散してしまう．しかし現実には BEC 相にあるボース気体は安定な巨視的状態として存在している．従ってこの発散は，粒子間の相互作用がないという人工的な単純化されすぎた仮定がもたらした極端な結果であって，現実の相互作用しているボース系に対する我々の理解がこれに影響されない様に注意する必要がある．

気体と液体とを問わずボース系での様々な物理量の実験結果を解釈する際に，ボース系では大きな熱的揺らぎが生じると最初から仮定してはならない．本来，巨視的な系の熱平衡状態は安定である．この安定性が改めて問題になるのは，相転移温度近くの極めて狭い温度領域（臨界領域 $|1 - T/T_c| = 10^{-4} \sim 10^{-5}$）に限られる．$|1 - T/T_c| = 10^{-4} \sim 10^{-5}$ 以外のほとんどの温度領域で，粒子間の相互作用は巨視的な系の熱的揺らぎを抑制する．**もしボース粒子間の相互作用が適切に理論に考慮されるならば，この熱的揺らぎの抑制という一般的な性質は，気体および液体ヘリウム 4 においても成立する．**（事実，斥力相互作用を入れて圧力を計算すると，図 3.1(b) の圧力一定の水平な線 a′ と b′ は右下がりの傾きを持つ様になり，$\langle(\delta V)^2\rangle$ と $\langle(\delta N)^2\rangle$ は (3.78) と (3.80) で発散しない[20]．）しかし残念ながらボース系においては，「揺らぎ」という言葉はしばしば不用意に用いられている．この理想ボース気体という単純化され過ぎた模型が示す人工的な特徴を，ボース系の固有の性質と誤認しているのである．（この危険は T_0 直上でボース流体が示す動的性質，例えば粘性率を解釈する際にも潜んでいる．）

3.3 理想ボース気体の大分配関数を座標空間で組合せ論を用いて導出する方法

ボース粒子系の大分配関数は，運動量空間では簡潔な形 (3.7)∼(3.9) で表現される．しかし座標空間でボース粒子系を眺めるならば，ボース統計を満たし位相のそろった「コヒーレント」な多体波動関数が，様々な大きさで存在するはずである．（それは 2 粒子の場合の (3.21) を，多粒子系に拡張した形をしている．）古典気体からボース気体へと変化する背後には，コヒーレントな多体波動関数に含まれる粒子の数が，微視的な数から巨視的な数まで変化する過程がある．もし**この座標空間での多体波動関数の変化を目の当たりにする事が出来れば，ボース粒子系を直観的に理解するのに役立つであろう．この為には，座標で表された配位空間 $(x_1, \ldots, x_N)$ の言葉で量子統計を表現する必要があ**

る．配位空間で理想ボース粒子系の大分配関数を得るには，すべての可能な粒子の入れ替えについて $\exp(-\beta H)$ の和を取ればよい．和の取り方を組合せ論を用いて数え上げれば，大分配関数を配位空間で求める事が出来る．ファインマン[21][23]と松原[22]は，大分配関数 $Z_0(\mu)$ をこの観点から求めた．この導出法は，運動量空間を用いた通常の簡単な方法に比べるといささか複雑であるが，統計力学での標準的な方法に沿っているので有用である．この方法には，**温度を下げていくとボース粒子系に「入れ替え対称性」が現れ，コヒーレンスが成長していく様子を直観的に示す**という利点がある．それ故，量子統計の支配する気体液体相転移を考察する上で，この方法は出発点になる．

3.3.1 大分配関数

N 個のボース粒子からなる系の (3.7) の分配関数 $Z_0(N)$ は，密度行列を用いて

$$Z_0(N) = \frac{1}{N!}\int \sum_{per} \rho(x_1,\ldots,x_N; Px_1,\ldots,Px_N;\beta)d^N x_i, \tag{3.81}$$

と書く事が出来る．ここで密度行列は

$$\begin{aligned}&\rho(r_1,\ldots,r_n,r_1',\ldots,r_n',\beta) \\ &\quad = \sum_m \exp(-\beta E_m)\phi(r_1,\ldots,r_n)\phi^\dagger(r_1',\ldots,r_n')\end{aligned} \tag{3.82}$$

と定義され，$\phi(r_1,\ldots,r_n)$ はエネルギー E_m を持つボース粒子系の固有状態の多体波動関数である．この密度行列は温度に依存した空間相関関数である．(3.81) の右辺の P は N 粒子内での入れ替え操作を表し，すべての可能な入れ替えについて和を取る．(3.81) 内で $\phi^\dagger(r_1',\ldots,r_n')$ は入れ替え操作をしても $\phi^\dagger(r_1,\ldots,r_n)$ と区別がつかず，$|\phi^\dagger(r_1,\ldots,r_n)|^2$ を N 次元積分すると 1 になる．(3.7) の $Z_0(N)$ とは異なり，座標の配位空間で表された $Z_0(N)$ は，多体波動関数のコヒーレンスの成長の過程を表現する事が出来る．これを見る為に図 3.5 に座標空間*3)でのコヒーレントな多体波動関数を模式的に描こう．（太い矢印はボース粒子の入れ替え操作を表す．）この密度行列中の $\exp(-\beta E_m)$ の $\beta = 1/k_BT$ を $i\beta$ と置き換えて逆ユークリッド化（ミンコフスキー化）すると，密度行列の温度変化は β を時間とする運動方程式の形に従う．密度行列 $\rho(r_1,\ldots,r_n,r_1',\ldots,r_n',\beta)$ の温度依存性は，運動方程式に似た形をしたブロッホ方程式より計算される[24]．（これは温度グリーン関数の先駆けである．）理想ボース気体のブロッホ方程式は

$$\frac{\partial\rho}{\partial\beta} = \frac{\hbar^2}{2m}\sum_{i=1}^{N}\nabla_i^2\rho, \tag{3.83}$$

*3) 座標で表された配位空間を以後は簡単に座標空間と呼ぶ．

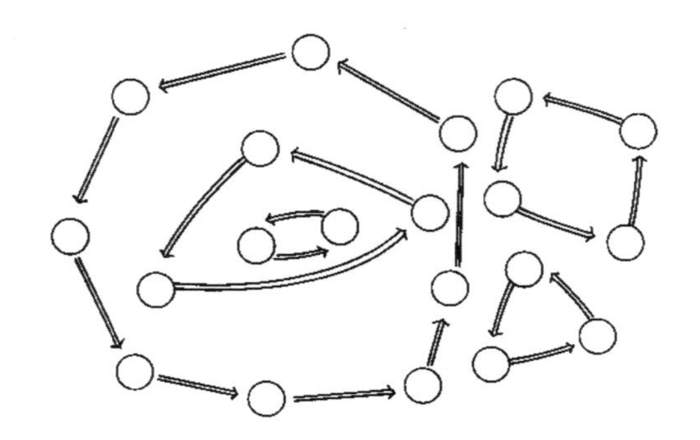

図 3.5　座標空間での基本多角形のパターンの一例.

である．その結果

$$\rho(x_1,\ldots,x_N;x'_1,\ldots,x'_N;\beta)=\left(\frac{m}{2\pi\beta\hbar^2}\right)^{3N/2}\exp\left[-\frac{m}{2\beta\hbar^2}\sum_i^N(x_i-x'_i)^2\right] \tag{3.84}$$

を得る．これを (3.81) に用いて $x'_i=Px_i$ として

$$Z_0(N)=\frac{1}{N!}\left(\frac{m}{2\pi\beta\hbar^2}\right)^{3N/2}\int\sum_{per}\exp\left[-\frac{m}{2\beta\hbar^2}\sum_i^N(x_i-Px_i)^2\right]d^Nx_i \tag{3.85}$$

を得る．

この $Z_0(N)$ は，次の様に解釈する事が出来る．$N=3$ で入れ替え操作 $P=(1\to2,2\to3,3\to1)$ を考えよう．この場合，(3.85) の指数部は $(x_1-x_2)^2+(x_2-x_3)^2+(x_3-x_1)^2$ を含んでいる．こうした入れ替え操作は図 3.5 では三角形で表され，これは小さなコヒーレント波動関数に対応する．一般に同じ粒子は $\sum(x_i-Px_i)^2$ の中では 2 回しか現れない．1 番目を最初の位置 x_i とすると，一連の入れ替え操作を経て，最初の x_i と最後の x_s を入れ替えて閉じた図形が出来る．図 3.5 ではこれを多角形として図示した．その結果，多くの多角形が座標空間に広がって分布する．（これを基本多角形と呼ぶ事にしよう.）多角形の大きさ（その辺の数）はボース統計に従うコヒーレントな波動関数の大きさ s に対応する．これを「コヒーレンスサイズ」と呼ぶ事にしよう[*4]．個々の粒子はこの多角形のいずれかに属していて，異なる多角形は同じ粒子を共有してはいない．操作 P により作られた個々の $\sum_i^N(x_i-Px_i)^2$ は，その結果生まれる様々な多角形のパターンの一つに対応している．（図 3.5

*4)　このコヒーレンスサイズは，多体波動関数の空間変化の度合いを表すコヒーレンス長（回復長）とは別の概念である．

はその一例である.）

このパターンを足し合わせて $Z_0(N)$ を計算する為には，座標空間での組合せ論的考察が必要になる.

3.3.1.1　基本多角形の寄与

大きさ s の多角形は，(3.85) には

$$\int \exp\left[-\frac{m}{2\beta\hbar^2}(x_{12}^2+\cdots+x_{s1}^2)\right] d^s x_i \equiv L_s \tag{3.86}$$

の様に現れる．ここで $x_{ij}^2=(x_i-x_j)^2$ である．この L_s は大きさ s のコヒーレントな波動関数の寄与を表し，分配関数 $Z_0(N)$ を構成する基本的な単位である[23]．(3.86) は「畳み込み」を想起させる形をしているので，いったんフーリエ変換を行って掛け算に直してからその逆変換を行うのがよい．指数部の最後の項 x_{s1}^2 を x_{s0}^2 に置き換えると，L_s は

$$\widehat{L}_s(x_{10}) = V\int \exp\left[-\frac{m}{2\beta\hbar^2}(x_{12}^2+\cdots+x_{s0}^2)\right] d^{s-1} x_i \tag{3.87}$$

の様に x_1-x_0 $(\equiv x_{10})$ の関数になり，その多角形は閉じていない．（ここで V は多角形の重心の並進より生じた.）元の L_s は，この $\widehat{L}_s(x_{10})$ を用いると $L_s=\widehat{L}_s(x_{10}=0)$ である．$\widehat{L}_s(x_{10})$ は，初項を $\exp(-mx_1^2/2\beta\hbar^2)$ として，$\exp(-mx_i^2/2\beta\hbar^2)$ の「畳み込み」を $(s-1)$ 回行えば得られる.「畳み込みの定理」によれば，$\widehat{L}_s(x_{10})$ を求める為には，$\exp(-mx_i^2/2\beta\hbar^2)$ の各々の 3 次元フーリエ変換

$$\Gamma(p) = \int \exp\left[-\frac{mx^2}{2\beta\hbar^2}\right]\exp(ip\cdot x)d^3x = \lambda'^3 \exp\left(-\frac{\lambda'^2 p^2}{2}\right), \tag{3.88}$$

$(\lambda'=\lambda/\sqrt{2\pi})$ を計算し，その積 $\Gamma(p)^s$ を逆フーリエ変換すればよい*5)．その結果,

$$\widehat{L}_s(x_{10}) = \frac{V}{(\sqrt{2\pi})^3}\int (\sqrt{2\pi})^{3(s-1)}\Gamma(p)^s e^{-ipx_{10}} 4\pi p^2 dp, \tag{3.89}$$

を得る．求めたいのは $L_s=\widehat{L}_s(x_{10}=0)$ なので,

$$L_s = V\int (\sqrt{2\pi})^{3s}\Gamma(p)^s \frac{4\pi p^2 dp}{(2\pi)^3} \tag{3.90}$$

である．$\Gamma(p)$ に (3.88) を用いると，積分公式

$$\int_0^\infty \exp(-ap^2)p^2 dp = \frac{1}{8}\sqrt{\pi/a^3}, \tag{3.91}$$

を用いて，L_s は

$$L_s = V\left(\lambda^{3s}+\frac{1}{2}\lambda^{3(s-1)}\frac{V}{s^{3/2}}\right) \tag{3.92}$$

---

*5）　$\lambda=(2\pi\beta\hbar^2/m)^{1/2}$ は熱的波長である.

となる．ここでは (3.90) から $\Gamma(p=0)$ を特に取り出して，第 1 項 λ^{3s} を得た．

3.3.1.2　基本多角形の分布

$Z_0(N)$ に大きさ s の基本多角形 L_s が ξ_s 回現れる場合を考えよう．多角形の分布は $\{\xi_1, \xi_2, \ldots, \xi_s, \ldots\}$ で表され，これは $N = \sum_s s\xi_s$ を満たすとする．この $\{\xi_1, \ldots, \xi_s, \ldots\}$ で表されるすべての可能な場合の数を考えて，それを $B(\xi_1, \ldots, \xi_s, \ldots)$ で表す．すると (3.85) は

$$Z_0(N) = \frac{1}{N!}\left(\frac{m}{2\pi\beta\hbar^2}\right)^{3N/2} \times \sum_{\{\xi_s\}} B(\xi_1, \ldots, \xi_s, \ldots) L_1^{\xi_1} \cdots L_s^{\xi_s} \cdots \tag{3.93}$$

となる．

$B(\xi_1, \ldots, \xi_s, \ldots)$ は，以下の様に見積もる事が出来る[23]．N 個の粒子が一列をなしているとしよう．これを $\{\xi_1, \ldots, \xi_s, \ldots\}$ の様に分割する仕方の数は，$N!/\prod_s \xi_s!$ で与えられる．ここで s 個の粒子の一列は，大きさ s の多角形に対応する．コヒーレントな波動関数にとっては，どの粒子が列の最初の粒子であるかというのはどうでもよい，つまりこれは円順列である．従って，この一列に並んだ配置を多角形に読み換えるには，大きさ s の配列の ξ_s 個の各々について，因子 $1/s$ が掛からねばならない．その結果，

$$B(\xi_1, \ldots, \xi_s, \ldots) = \frac{N!}{\prod_s \xi_s!}\left(\frac{1}{s}\right)^{\xi_s}, \tag{3.94}$$

を得る．この B を (3.93) に用いて，

$$Z_0(N) = \frac{1}{\lambda^{3N}} \sum_{\{\xi_s\}} \prod_s \frac{1}{\xi_s!}\left(\frac{L_s}{s}\right)^{\xi_s}, \tag{3.95}$$

が得られる．

この $Z_0(N)$ を用いて，大分配関数

$$Z_0(\mu) = \Sigma_N Z_0(N) e^{\beta\mu N} = \sum_N \prod_s \sum_{\{\xi_s\}} \frac{1}{\xi_s!} \frac{1}{\lambda^{3N}} \left(\frac{L_s}{s}\right)^{\xi_s} e^{\beta\mu N} \tag{3.96}$$

は以下の様に求まる．λ^{3N} の N に $N = \sum_s s\xi_s$ を代入する．更に上式の右辺の $e^{\beta\mu N}$ の N にも $N = \sum_s s\xi_s$ を代入する．N 自体について 0 から ∞ までの和を取るので，$\sum_s s\xi_s = N$ を満たす個々の ξ_s についても 0 から ∞ までの和に置き換わる．故に $Z_0(\mu)$ は指数関数

$$Z_0(\mu) = \prod_s \exp\left[\frac{L_s}{s}\left(\frac{e^{\beta\mu}}{\lambda^3}\right)^s\right] \tag{3.97}$$

になる．ここに (3.92) の L_s を用いると，自由ボース気体の大分配関数

$$Z_0(\mu) = \exp\left[V\sum_{s=1}^{\infty}\left(\frac{e^{\beta\mu s}}{s} + \frac{V}{2\lambda^3}\frac{e^{\beta\mu s}}{s^{5/2}}\right)\right] \tag{3.98}$$

を得る．指数部の第 1 項と第 2 項は各々 $p=0$ と $p\neq 0$ のボース粒子から生じ，ともに $e^{\beta\mu}=z$ についての展開である．この和を

$$-\sum_{s=1}^{\infty}\frac{z^s}{s} = \ln(1-z), \tag{3.99}$$

と

$$\sum_{s=1}^{\infty}\frac{z^s}{s^{5/2}} = -\frac{4}{\sqrt{\pi}}\int_0^{\infty} x^2\ln(1-ze^{-x^2})dx, \tag{3.100}$$

を用いて求めると，

$$Z_0(\mu) = \exp\left[-\frac{V}{h^3}\int 4\pi p^2 dp\ln(1-ze^{-\beta\epsilon_p})\right] \tag{3.101}$$

が得られる．これは運動量空間で得られる $Z_0(\mu)=\prod(1-e^{-\beta(\epsilon_p-\mu)})^{-1}$ と一致している．

この運動量空間での指数部は異なる p についての積分であるのに対して，(3.98) の指数部はコヒーレントな波動関数の大きさ s についての和である．(3.26) では (3.101) から出発してコヒーレントな波動関数の大きさ s を用いて再解釈したが，ここでは逆に座標空間での分布から出発して (3.101) を導いた．(3.98) の $Z_0(\mu)$ を用いて様々な物理量を計算すると，コヒーレントな波動関数の異なるサイズ s ごとの，その物理量への寄与を直接に見るという利点がある．この導き方は，第 1 章で述べた古典気体のクラスター展開を思い起こさせる．

3.3.2　コヒーレントな波動関数

3.3.2.1　サイズ分布

3.2 節の冒頭で述べた様に，理想ボース気体に含まれるコヒーレントな波動関数のサイズ分布 $h(s)$ は，

$$h(s) = \begin{cases} \dfrac{\exp(\beta\mu s)}{s} & p=0 \\ \dfrac{V}{2\lambda^3}\dfrac{\exp(\beta\mu s)}{s^{2.5}} & p\neq 0 \end{cases}$$

である．この $h(s)$ を見ると，化学ポテンシャル μ がコヒーレントな波動関数のサイズ分布を決めるのが分かる．高い温度 $(\mu \ll 0)$ では，大きなサイズ s の $h(s)$ は指数関数的に小さいので，大きなコヒーレント波動関数は現れない（ボルツマン統計）．温度が下がるにつれて化学ポテンシャル μ は零に近づく．故に $h(s)$ の分布は，$p=0$ の時は $e^{\beta\mu s}/s \to 1/s$ の様に冪分布になる．従って，大きなコヒーレント波動関数は系の巨視的な性質を決める上で無視出来な

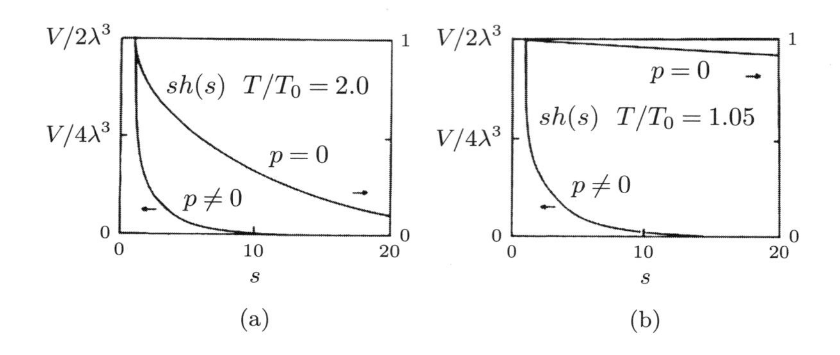

図 3.6 大きさ s のコヒーレントな波動関数に属するボース粒子の数密度 $sh(s)$ を，$p = 0$ と $p \neq 0$ の場合で比べた．(a) $T/T_0 = 2.0$，(b) $T/T_0 = 1.05$．右の垂直な軸は $p = 0$ のボース粒子，左の垂直な軸は $p \neq 0$ のボース粒子に対応する．

い．図 3.6 は，大きさ s のコヒーレントな波動関数に属するボース粒子の数密度 $sh(s)$ を，(a) 温度 $T/T_0 = 2.0$ と (b) 温度 $T/T_0 = 1.05$ について比較した．$p \neq 0$ のボース粒子の数密度 $sh(s)$ は，T_0 直上（図 (b)）でも，または遥か上の温度（図 (a)）でも大きな s では減衰する．しかし $p = 0$ のボース粒子の場合は，$T/T_0 = 1.05$ での $sh(s)$ は容易に減衰しない．

より T_0 に接近した $T/T_0 = 1.01$ の場合の $sh(s)$ を図 3.7 に拡大して示した．T_0 の近くでは，$p = 0$ のボース粒子の波動関数は巨視的な大きさになる．ボース凝縮点に達した時には，$p = 0$ のボース粒子よりなるコヒーレントな波動関数の $sh(s)$ は，もはや s には依存しない．故に巨視的な波動関数は微視的な波動関数と同じ頻度で現れる．（この $h(s)$ はフェルミ粒子系の超伝導での (5.96) における $|\phi(r)|^2$ に対応する．）

図 3.7 を見ると，ボース凝縮温度の直上では，正常相においてさえ十分に大きな（メソスコピックな）コヒーレントな多体波動関数が存在し，大分配関数に相当の寄与をする．（これは相互作用するボース粒子系においても同様であり，T_λ 直上の液体ヘリウム 4 の粘性にその効果は現れる[25]．）この様に化学ポテンシャル μ は，ボース粒子系の異常な性質と，そのコヒーレントな多体波動関数の大きさとの関係を理解する上で，重要な役割りをする．

3.3.2.2 重ね合わせ

コヒーレントな多体波動関数における「重ね合わせ」の意味を考えよう．2 つの状態 a と b の間の「重ね合わせ」が 2 個の粒子に独立して起きると，その波動関数は $\phi_a(x_1) + \phi_b(x_1) = \phi\exp(i\theta)$ と $\phi_a(x_2) + \phi_b(x_2) = \phi\exp(i\theta)$ の積になり，位相 2θ を持つ 2 体の波動関数 $\Phi_s(x_1, x_2)$

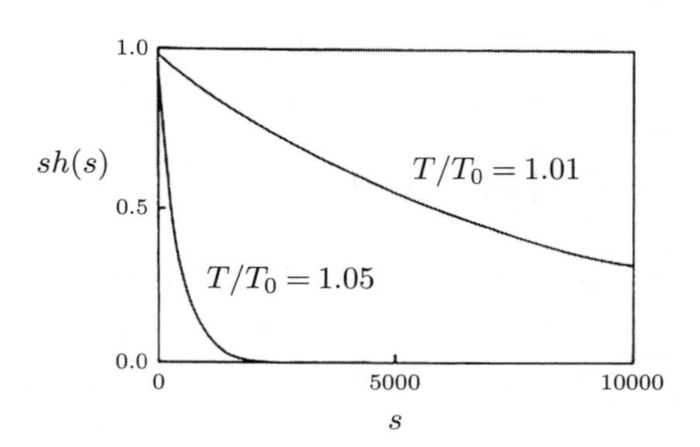

図 3.7　$T/T_0 = 1.05$ と $T/T_0 = 1.01$ での $p = 0$ のボース粒子よりなる大きさ s の波動関数の $sh(s)$.

$$\Phi_s(x_1, x_2) = \frac{1}{2}\phi^2 \exp(i2\theta) \tag{3.102}$$

が出来る．N 個のボース粒子の各々について 2 つの状態 a と b の間の「重ね合わせ」が互いに独立に起きるとすると，生まれる大きなコヒーレント波動関数は

$$\prod_{i=1}^{N}[\Phi_a(x_i) + \Phi_b(x_i)] \tag{3.103}$$

と書く事が出来る．

この手続きを巨視的な回数 N まで続ければ，その結果生まれる波動関数には位相因子 $\exp(iN\theta)$ が生じる．この場合の「重ね合わせ」は，巨視的に異なる 2 状態の間にではなく，微視的に異なる 2 状態の間で起きる．この意味では，よく知られた「巨視的量子現象」という言葉は多分に誤解を招く表現である．位相は微視的に異なる 2 状態の間での「重ね合わせ」という量子力学的な理由から生じているが，それが積み重なって巨視的な距離だけ離れた部分の位相差になった場合は，もはやこれは古典物理に現れる波の位相になる．凝縮体の位相 $N\theta$ は，量子物理ではなく古典物理に従う物理量である．故に，この「巨視的量子現象」という言葉は「量子力学に起源を持つ古典物理の現象」の略称と解釈するのがよい．相互作用するボース粒子系の場合は，その多体波動関数は外部からの摂動により乱される事なく，その位相は破壊されずに残る．これにより，ボース凝縮体の流体としての性質を「異なる位相を持つ二流体の現象論」で記述する事が可能になる．このボース凝縮体の位相は，1997 年に行われたトラップされた超冷却ナトリウム原子の実験により，視覚的に印象深く示された[26]．また原子ビーム（ヘリウム 4）と分子ビーム ($C40$) を用いて，ヤングの 2 重スリットの実験も行われた．ただしこれらは，1 電子の回折を示

す電子版のヤングの実験（デビソン–ジャーマーの実験）とは，質的に異なる事に注意せねばならない．

これとは別に，他の形の多体波動関数

$$\prod_{i=1}^{N}\Phi_a(x_i)+\prod_{i=1}^{N}\Phi_b(x_i) \tag{3.104}$$

も原理的には可能である．この場合には，状態 a にある巨視的な数 N の粒子全体が，状態 b にある巨視的な数 N の粒子全体と重ね合わせられている．この場合には，「重ね合わせ」自体が巨視的な空間スケールで起きる．従ってこの多体波動関数は真の意味で「巨視的量子現象」と呼ぶ事が出来る．しかしこれはまだ実験室で実現していない．液体ヘリウム 4 で起きる超流動状態は，この意味では巨視的量子現象でない．むしろ (3.103) の様な，少数の粒子の間の干渉が巨視的な大きさにまで拡大された現象である．（この (3.103) と (3.104) の違いはレゲット[27]により強調された．）

3.3.2.3　非対角的長距離秩序

固体は，気体や液体と比べると，座標空間での幾何的な秩序を持つ事が特徴である．そこには物質の密度 $\langle\Phi(x)^\dagger\Phi(x)\rangle\neq 0$ に長距離秩序が現れる．これを行列の言葉にして座標空間での無限次元の行列 $\infty\times\infty$ を考えれば，固体の長距離秩序 $\langle\Phi(x)^\dagger\Phi(x)\rangle\neq 0$ とは，その行列の対角成分に現れた秩序と見なす事が出来る．これを対角的長距離秩序，Diagonal Long Range Order (DLRO) と呼ぶ．

超流動ヘリウム 4 や超伝導電子系は，固体とは異なり，もちろんこの様な秩序を持ってはいない．しかしこれとは異なる意味で，別の秩序を持っている．これを通常の対角的長距離秩序と区別する為に，ペンローズとオンサーガー[28]，そしてヤン[29]は，以下の様な概念を提案した．C.N. ヤンに依れば，超流動や超伝導は

$$\langle\Phi(x)^\dagger\Phi(0)\rangle\Longrightarrow f^*(x)f(0),\qquad |x|\to\infty \tag{3.105}$$

の様な秩序を示し，先の無限次元の行列 $\infty\times\infty$ の言葉で言えば，非対角的長距離秩序，Off Diagonal LRO (ODLRO) が現れたと特徴付ける事が出来る．

対角的長距離秩序 $\langle\Phi(x)^\dagger\Phi(x)\rangle\neq 0$ では，行列の対角成分のみが零ではない．これをシュレーディンガー方程式 $Ax=ax$ の言葉で言えば，その行列 A の固有ベクトルを決めるには対角成分のみが寄与する．故に一般的にはあまり大きくはない固有値 a を持つ事になる．他方，非対角成分を持つ行列 A では，対角成分に限らずほとんどすべての行列要素が固有値方程式 $Ax=ax$ の解に寄与するので，固有ベクトルが大きな固有値を持つ事がある．この ODLRO を用いた量子凝縮の定義は，超流動や超伝導での巨視的な異常効果（例えば量

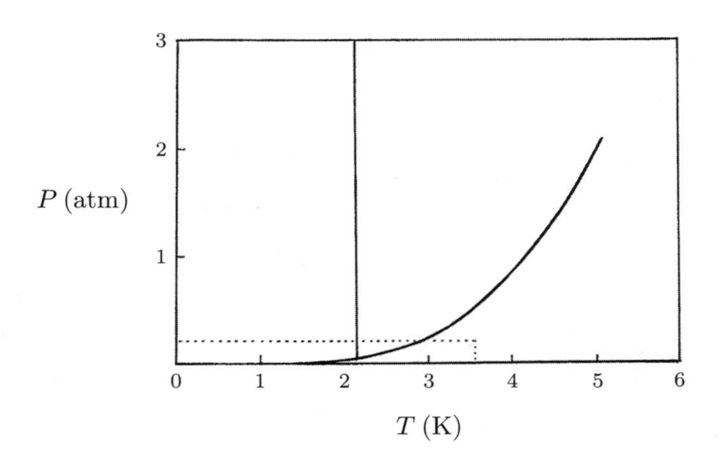

図 3.8　ヘリウム 4 の圧力範囲 $0 < P < 3$ 気圧での圧力–温度相図（P–T 相図）．原点近くの点線で囲んだ小さな長方形の領域は図 4.1 に対応する．

子渦）を導く際に用いられる[30]．

3.4　古典気体への量子補正

ヘリウム 4 の圧力温度相図（P–T 相図）を図 3.8 に示そう．大気圧（1 気圧）の下で気体ヘリウム 4 を冷却すると，$T_c = 4.215$ K で液体への相転移を起こして正常相の液体になる．この温度 T_c は，量子統計の支配が顕著になる λ 点の温度 $T_\lambda = 2.14$ K よりも高い．故に，この $T_c = 4.215$ K で起きる気体液体相転移に量子統計が支配的な影響を及ぼしているとは言い難い．気体ヘリウム 3 との比較も，この解釈を支持している．気体ヘリウム 3 の 1 気圧での液体への相転移は，$T_c = 3.191$ K で起きる．異なる統計に属するにも拘わらず，ヘリウム 4 の T_c とヘリウム 3 の T_c の差が小さいという事は，この 1 気圧下での気体液体相転移に量子統計が果たす役割りが小さい事を示唆している．この 1 気圧下で起きる気体液体相転移は本質的には古典的な気体液体相転移である．（図 3.8 の凝縮線の終点にある臨界点は，古典統計に従う気体液体相転移の示す属性である．）直観的に言えば，古典的な気体液体相転移は，粒子間の引力相互作用が運動エネルギーを上回る時に起きる．故に T_c での熱エネルギー $k_B T_c$ は，相互作用のエネルギーと同程度である．ヘリウム 4 原子間の相互作用は他の元素の原子の場合よりも弱いが，しかしそれは無視出来る程に弱い訳ではないので，気体の液体への相転移が $T_c = 4.215$ K で起きる．図 4.1

の P–T 相図には気体と正常液体と異常液体が共存する点（3 重点）が存在するが，この圧力よりも高い圧力の下で起きる気体液体相転移は，古典統計に従う理論を基本とし，それに量子補正を加えた模型を考えるのが妥当である．

古典粒子とボース粒子の間には，一方から他方への緩やかな移行を想定する事が出来る*6)．低温で気体ヘリウム 4 が現実に示す圧力は，高温のヘリウム 4 を古典的な気体と見なして圧力を求め，それを低温側に外挿して得た値よりも小さい．これは量子補正の必要性を示している．これを考慮するには，第 1 章での古典気体の圧力のビリアル展開の係数に，ボース統計に基づく量子補正を加えればよいであろう．我々の関心は，この量子補正が，古典気体が液体になる相転移の機構（1.5 節）にどの程度の影響を与えるか? にある．この量子補正はウーレンベックとベス[31]により，またグロパー[32]により計算された．ここでは 3.3.1 節で用いた密度行列の方法[33]を用いて，状態方程式のビリアル展開を求めよう．

個々の粒子が相互作用ポテンシャル $U(r_{i,j})$ の下でのシュレーディンガー方程式に従って運動する時，それに対応する密度行列はブロッホ方程式

$$\frac{\partial \rho}{\partial \beta} = \left[\frac{\hbar^2}{2m} \sum_i \Delta_i - \sum_{i<j}^{M} U(r_{i,j}) \right] \rho \tag{3.106}$$

に従って変化する．シュレーディンガー方程式とは異なって，ブロッホ方程式は拡散型の方程式である．相互作用ポテンシャルが $U(r_{i,j}) = 0$ である時，(3.84) で示した自由粒子の解

$$\rho(r_1, \ldots, r_n, r'_1, \ldots, r'_n, \beta) = \left(\frac{m}{2\pi\hbar^2\beta} \right)^{3n/2} \times \exp\left(-\frac{m}{2\hbar^2\beta} \sum_i (r_i - r'_i)^2 \right) \tag{3.107}$$

を持つ．1 気圧下で気体ヘリウム 4 に気体液体相転移が起きる温度では，コヒーレントな多体波動関数で表されるボース凝縮体はまだ十分には成長していないので，簡単の為に r'_i への入れ替え操作 P を無視する．(3.3.1 節では，$U(r_{i,j}) = 0$ ではあるが入れ替え対称性 P を正確に考慮したのに対して，本節ではその逆を行う．)

$U(r_{i,j})$ の為に，(3.107) は次の様な形

$$\rho(r_1, \ldots, r_n, r'_1, \ldots, r'_n, \beta) = \left(\frac{m}{2\pi\hbar^2\beta} \right)^{3n/2} \times \exp\left(-\frac{m}{2\hbar^2\beta} \sum_i (r_i - r'_i)^2 + W(r_1, \ldots, r_n, r'_1, \ldots, r'_n) \right) \tag{3.108}$$

*6) しかし古典粒子とフェルミ粒子との間にはそれは不可能である．この意味で，フェルミ粒子はボース粒子よりも古典物理の世界からかけ離れた異質な粒子である．

に変化するとする．ここで粒子間の相互作用 U は，次元を持たない量 W に姿を変える．この $\rho(r_1,\ldots,r_n,r'_1,\ldots,r'_n,\beta)$ を (3.106) に代入すると

$$U+\frac{\partial W}{\partial\beta}+\frac{(r_i-r'_i)}{\beta}\cdot\nabla_i W=\left(\frac{\hbar^2}{2m}\right)[(\nabla W)^2+\Delta W] \tag{3.109}$$

を得る．W を $\hbar^2/2m$ で展開した形

$$W=W_0+\left(\frac{\hbar^2}{2m}\right)W_1+\left(\frac{\hbar^2}{2m}\right)^2 W_2\cdots \tag{3.110}$$

を仮定し，この展開を (3.109) に代入して，$\hbar^2/2m$ の零次の方程式

$$U+\frac{\partial W_0}{\partial\beta}+\frac{(r_i-r'_i)}{\beta}\cdot\nabla_i W_0=0 \tag{3.111}$$

と，$\hbar^2/2m$ の 1 次の方程式

$$\frac{\partial W_1}{\partial\beta}+\frac{(r_i-r'_i)}{\beta}\cdot\nabla_i W_1=(\nabla W_0)^2+\Delta W_0 \tag{3.112}$$

を得る．これからは $W(r_1,\ldots,r_n,r'_1,\ldots,r'_n)$ を $\langle W\rangle$ と表記する．相互作用がない $\beta U=0$ の時は，W は消えるはずである $(W_0=0)$．有限の βU の下で $W_0=0$ から滑らかに変化する最も簡単な (3.111) の解 W_0 は

$$\langle W_0\rangle=-\beta U, \tag{3.113}$$

である．これを (3.112) に用い，更に $r_i\to r'_i$ として

$$\frac{\partial\langle W_1\rangle}{\partial\beta}=\beta^2(\nabla U)^2-\beta\Delta U, \tag{3.114}$$

その解として

$$\langle W_1\rangle=\frac{\beta^3}{3}(\nabla U)^2-\frac{\beta^2}{2}\Delta U \tag{3.115}$$

を得る．第 1 章で扱った古典気体では，相互作用の最初の効果は (1.53) の第 2 ビリアル係数 $B(T)$ に $-\beta U_{12}$ として現れたが，(3.110) の W_i は量子補正を含んだ $-\beta U_{12}$ の役割りをする．この W を用いて第 2 ビリアル係数を

$$B(T)=\frac{1}{2}\int[1-\exp(W)]dV_2 \tag{3.116}$$

とし，(3.113) と (3.115) を (3.110) に用いて，この $\exp(W)$ を展開する．更に $1\gg b$ の時，$e^{a+b}=e^a e^b\simeq e^a(1+b)$ である事を用いて

$$\exp(\langle W\rangle)\simeq\exp(-\beta U)\left[1+\frac{\hbar^2}{2m}\left(\frac{\beta^3}{3}(\nabla U)^2-\frac{\beta^2}{2}\Delta U\right)+\cdots\right] \tag{3.117}$$

を得る．

第 2 ビリアル係数 $B(T)$ への量子補正を，運動エネルギーと温度との比につ

いての冪展開として

$$B(T) = B^{(0)}(T) + \left(\frac{\hbar^2\beta}{2m}\right) B^{(1)}(T) + \left(\frac{\hbar^2\beta}{2m}\right)^2 B^{(2)}(T)\cdots \qquad (3.118)$$

と表そう．(3.117) を (3.116) に代入すると，古典気体の $B^{(0)}(T)$ は

$$B^{(0)}(T) = \frac{1}{2}\int[1 - \exp(-\beta U(r))]4\pi r^2 dr, \qquad (3.119)$$

であり，量子補正 $B^{(1)}(T)$ は

$$B^{(1)}(T) = -\frac{\beta^2}{6}\int_0^\infty \left(\frac{dU(r)}{dr}\right)^2 \exp[-\beta U(r)]4\pi r^2 dr \qquad (3.120)$$

となる．1.2 節の (1.52) の気体の状態方程式

$$\frac{P}{k_B T} = \frac{N}{V}\left[1 + B(T)\frac{N}{V} + C(T)\left(\frac{N}{V}\right)^2\right], \qquad (3.121)$$

では，引力 $U(r) < 0$ の為に低温の古典気体では $B^{(0)}(T) < 0$ であった．これは古典気体に内在する液体への転移に繋がる不安定性である．これに更にボース統計が働くと，気体の圧力を更に減少させるはずである．（これは理想ボース気体の場合の (3.14) と同様である．）確かに (3.120) で $B^{(1)}(T) < 0$ であるのは，この予測と合致している．しかし第 2 ビリアル係数へのより高次の補正 $B^{(n)}(T)$ $(n \geq 2)$ は，ポテンシャル $U(r)$ の形に依存し簡単ではない．1.5 節では，古典気体の持つ不安定性をクラスター積分 b_l を用いて論じた*7)．ここで述べた量子補正もまた，古典気体のクラスター積分 b_l に影響するはずである．しかしそれだけでは，ボース統計に由来する気体の不安定性を導くには不十分である．

気体ヘリウム 4 を 1 気圧よりはるかに低い圧力（図 3.8 での，点線で囲まれた小さな四角の領域）の下で冷却すると，量子統計に直接に駆動される量子気体液体相転移が起きる．その様な転移では，**ボース統計による多体波動関数のコヒーレンスは，補正ではなくむしろ本質的な役割りを果たす**．従って補正としての取り扱いでは不十分であり，むしろ第 1 章での相互作用する古典気体の描像と，第 3 章でのボース統計に従う理想気体の描像（3.3 節）とを融合した新たな理論が必要になる．第 4 章ではそれを定式化しよう．

---

*7）b_l へのより系統的な量子補正はカーンとウーレンベック[34]による量子クラスター展開の理論により得られる．

第 4 章
ボース液体の出現

気体ヘリウム 4 の低圧力下での液体への転移は，量子統計が本質的な役割りを果たす気体液体相転移である．0.05 気圧よりも低い圧力の下で温度を下げていくと，正常相の冷たい気体ヘリウム 4 は，突如として超流動相の液体に転移する．図 4.1 は，図 3.8 に描かれた圧力温度相図の点線で囲んだ領域を拡大した相図である[35]．十分に低い圧力下では気体は希薄であるので，ヘリウム 4 原子は遠くにある他のヘリウム 4 原子による弱い引力を感じる．**この相互作用が弱い為に，この系は量子統計が支配する低い温度に至るまで気体のままにとどまる．従ってこの気体が遂に液体になる時には，量子統計がその液体への相転移に強く影響する，あるいはそれを直接に規定していると言ってもよい．**この気体の液体への相転移は，**量子気体液体相転移**と呼ぶのが相応しく，3.4 節で論じた量子補正とは本質的に異なる．この図 4.1 では凝縮線に沿って温度が下がるとともに，気体液体相転移の性格が，古典的な相転移から量子的な相転移へと変化していく様子が見て取れる．3 重点（$P = 0.05$ 気圧，$T = 2.17$ K にある，λ 線と凝縮線の交点）は，この 2 種類の転移の境界である．この章では，第 1 章での気体液体相転移の理論と，第 3 章の 3 節で述べた大分配関数を用いるボース粒子系でのコヒーレンスの成長の理論を組み合わせて，量子気体液体相転移を考察する事にしよう．

気体液体相転移とボース統計との関係は，ボース–アインシュタイン凝縮 (BEC) との関わりでしばしば議論されて来た[36]．その定式化を始める前に以下の様な前提を確認しておかねばならない．

(1) 引力の働くボース–アインシュタイン凝縮した気体は，熱平衡状態としては安定に存在出来ない．この事は，斥力の働くボース系に励起した音響フォノンの，ボゴリューボフの有名なエネルギースペクトルに見て取れる．歴史的には，このスペクトルは液体ヘリウム 4 の理論として考案された[37]．しかしこれは気体ヘリウム 4 の理論としても有用である．フォノンのエネルギースペクトル $\epsilon(p) = \sqrt{(UN/m)}p$ で，もし相互作用 U が負になれば，凝縮体を伝わる

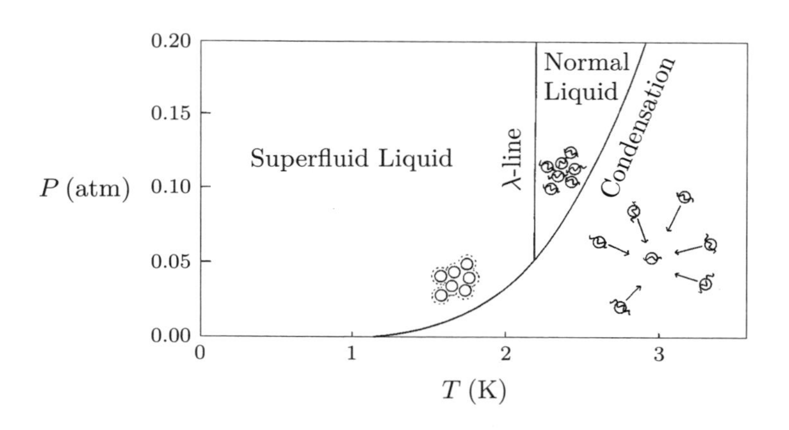

図 4.1 ヘリウム 4 の低温での P–T 相図．この (P, T) 領域は図 3.8 で点線で囲んだ小さな四角形領域に対応する．

音波の速度は虚数になる．つまり系は密度の揺らぎに対して不安定になり，気体のままにとどまる事が出来ない．

(2) 引力は液体への相転移には不可欠である．従ってもし仮にボース–アインシュタイン凝縮相にある気体と液体の 2 つを想定して，その間に気体液体相転移を考えたとしても，**2 つの相のうちの一方が存在しないのであるから，その様な相転移は不可能である．**

(3) しかし**正常相のボース気体のままで，量子統計の影響が顕著になる液体ヘリウム 4 のボース–アインシュタイン凝縮温度よりも少し上の温度にまで冷却すると，そこでは量子統計に強く支配された気体液体相転移が起きる．**

図 4.1 で見ると，0.05 気圧以下の圧力で気体のまま右から左へと近づくと，凝縮線に交差する時にこの特異な気体液体相転移が起きる．この領域の気体（凝縮線よりも右側）では，コヒーレントな多体波動関数はすでに多くのヘリウム 4 原子を含んでいるが，まだ巨視的な大きさにまでは達していない．その相互の距離がハードコア半径程度に小さくなるまでは，ヘリウム 4 原子はほとんど斥力を感じない．温度が下がるにつれてヘリウム 4 原子が運動する速度は遅くなる．その様なボース粒子に弱い引力が働くならば，その影響は劇的に現れるであろう．この希薄なボース気体はボース–アインシュタイン凝縮を起こす前に，先に液体へと相転移する．（この見通しは様々な文脈で語られてきた[38][39][40]．）この気体液体相転移が，日常的に我々が知っている古典的な気体液体相転移と違うのは，後者の場合には**何の役割りも果たさないほど弱い引力でも，ボース統計の影響下では系に劇的な変化を引き起こす**点である．この様な現象は，古典気体への量子補正で扱える範囲をはるかに超えている．

この量子気体液体相転移を定式化するのに鍵となるのは，系の大分配関数 $Z_V(\mu)$ に生じる変化である．温度が下がるにつれて，粒子の入れ替えに対して

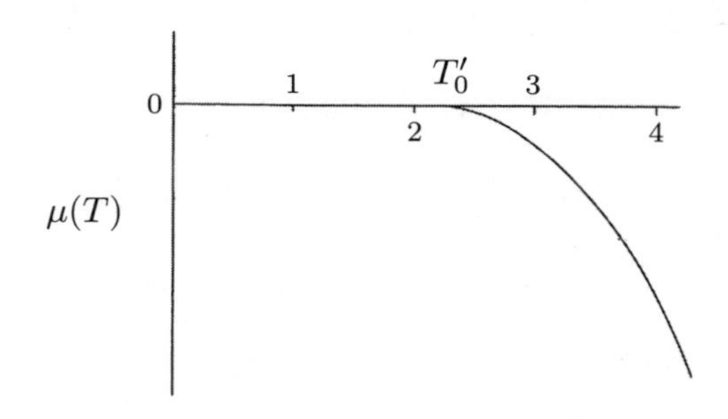

図 4.2　太い曲線は $\mu(T)$ の温度変化を表す．

対称であるコヒーレントな多体波動関数は徐々に多くの粒子を含む様になり，これが状態方程式

$$\frac{P}{k_BT} = \lim_{V\to\infty} \frac{\ln Z_V(\mu)}{V}, \tag{4.1}$$

$$\frac{\rho}{k_BT} = \lim_{V\to\infty} \frac{\partial}{\partial\mu}\left(\frac{\ln Z_V(\mu)}{V}\right) \tag{4.2}$$

の中の大分配関数 $Z_V(\mu)$ に反映される．温度が下がるにつれて，化学ポテンシャル $\mu(T)$ の値は負の値から零に近づく．ヘリウム 4 原子間の弱い相互作用は，理想ボース気体のボース–アインシュタイン凝縮温度 T_0 を，わずかに T_0' に変える．つまり相互作用するボース気体の $\mu(T)$ の第 1 近似は，図 4.2 に示す様な (3.62) に似た式

$$\mu(T) = -\left(\frac{g_{3/2}(1)}{2\sqrt{\pi}}\right)^2 k_BT\left(\frac{T-T_0'}{T_0'}\right)^2, \tag{4.3}$$

で与えられる．(4.1) の $\ln Z_V(\mu)$ は徐々に大きくなり，ある温度 T_c に達すると $\ln Z_V(\mu)$ は発散する．これが気体の $Z_V(z)$ の複素平面上の正則領域の範囲を決める．(4.2) が決める系の密度 $\rho = N/V$ も発散し，高密度の状態（液体）に転移する．3.3 節では理想ボース気体の大分配関数を座標空間で表す理論を述べたが，そこでは多体波動関数のサイズ分布 $h(s)$ が温度とともに変化していく様子を見る事が出来た．この座標空間での理論は，量子気体液体相転移を記述する上でも参考になる．しかしボース統計の特徴は運動量表示で簡潔に表されるので，相互作用が働く場合を座標空間を用いて論じるのは簡単ではない．むしろ引力相互作用する正常相のボース気体の $Z_V(\mu)$ を運動量空間での摂動展開で表現すれば，そこには多体波動関数が温度の低下とともに多くの粒子を巻き込んでいく様子が現れて，液体へと繋がる不安定性が明らかになるであろう[41]．

4.1 引力相互作用するボース気体

この節では，弱い引力相互作用 H_{it} が加わるスピンを持たないボース気体

$$H = \sum_p \epsilon_p b_p^\dagger b_p + U_a \sum_{p,p',q} b_{p-q}^\dagger b_{p'+q}^\dagger b_{p'} b_p, \quad (U_a < 0) \tag{4.4}$$

に潜む不安定性を考察する．一般に密度の低い気体中の粒子どうしの相互作用は極めて弱い．しかし他の粒子と接近した時には，その相互作用は無視出来ない効果を生む．図 1.1 の相互作用ポテンシャル $U(r)$ のハードコアの外側 $(r > 2r_0)$ の弱い引力部分を考えよう．これを運動量空間での定数の相互作用 U_a (< 0) で表す．粒子間にこの引力が働く時の入れ替え操作について対称な多体波動関数が，温度が下がるにつれて徐々に多くの粒子を含んでいく過程に焦点を当てる．ここで論じるのは，気体が不安定になり液体への転移が始まる最初の段階である．液体になった後では，相互作用のハードコア部分（短距離斥力部分）が重要な役割りを果たし，むしろ液体論のテーマになるが，ここでは論じない．

4.1.1 摂動展開

相互作用するボース粒子系の大分配関数 $Z_V(\mu) = \sum_{N,p} \exp[-\beta(H - \mu N)]$ を考える．$Z_V(\mu)$ を相互作用 H_{it} について摂動展開すると

$$Z_V(\mu) = Z_0(\mu) \sum_{n=0}^{\infty} \frac{(-1)^n}{n!} \times \int_0^\beta d\beta_1 \cdots \int_0^\beta d\beta_n \langle T H_{it}(\beta_1) \cdots H_{it}(\beta_n) \rangle, \tag{4.5}$$

を得る．ここで $Z_0(\mu)$ は理想ボース気体の大分配関数である．($(-1)^n$ は $\exp(-\beta H)$ のマイナス因子より生じた．)

この $Z_V(\mu)$ 中の $\langle T H_{it}(\beta_1) \cdots H_{it}(\beta_n) \rangle$ は，連結した，あるいは連結していないグラフが混じり合ったダイアグラムで表される．1.5 節で論じた古典気体では，一般のクラスター積分 b_l を連結クラスター積分 β_l に分解したが，相互作用するボース気体においても同様な分解が可能である．

ボース統計に従うコヒーレントな波動関数の概念を，相互作用を表す $\langle T H_{it}(\beta_1) \cdots H_{it}(\beta_n) \rangle$ にも適用しよう．ただし，3.3 節で理想ボース気体の $Z_0(\mu)$ を考えた時は，図 3.5 は座標空間での閉じたダイアグラムを表していたが，ここでは図 4.3 の様な運動量空間でのリング図形，すなわち粒子線（実線）からなる泡図形が相互作用線（点線）で繋がったリング図形を考える．具体的には n 本の相互作用線で繋がる $\langle T H_{it}(\beta_1) \cdots H_{it}(\beta_n) \rangle$ を，n 以下の m 本の相互作用線を持つ連結したダイアグラム Ξ_m

$$\Xi_m = \frac{(-1)^m}{m!} \times \int_0^\beta d\beta_1 \cdots \int_0^\beta d\beta_m \langle T H_{it}(\beta_1) \cdots H_{it}(\beta_m) \rangle_{\text{con}} \tag{4.6}$$

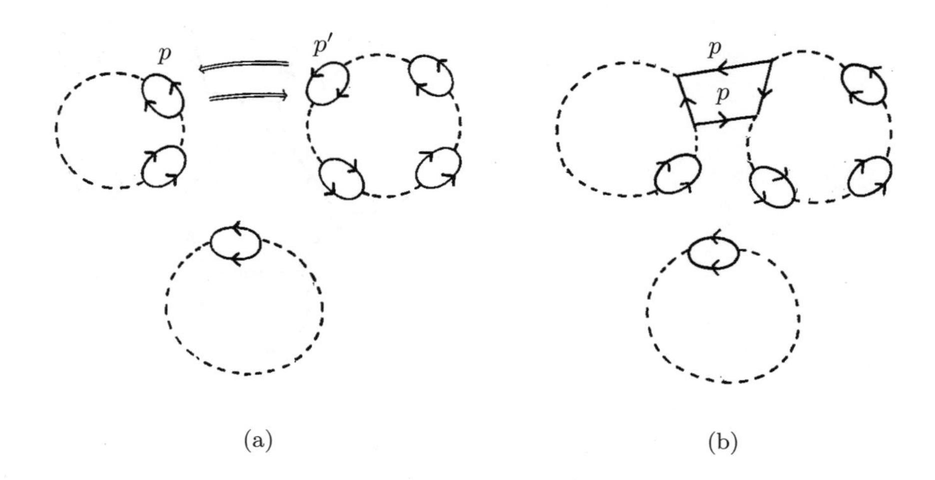

図 4.3　(a) 運動量空間でのいくつかのボース粒子の泡からなるリングダイアグラム［(4.5) の $n=7$ の項の例］．点線は (4.4) での引力相互作用を表す．2 つの泡で $p=p'$ の時，矢印で表す入れ替えの結果，(b) 四角形のダイアグラムが，2 つのリングダイアグラムを繋ぐ．(cf. [41].)

の積の和に分解しよう．(4.5) の摂動展開の n 次の項には，演算子の対 $b^\dagger b$ の 2 つを結ぶ n 本の相互作用線（点線）がある．そのうち m_1 本の相互作用線は h_1 個のダイアグラム Ξ_1 の各々に，また m_2 本の相互作用線は h_2 個のダイアグラム Ξ_2 の各々に繋がっているとする．その結果，(4.5) の右辺の n 次の項には $\Xi_1^{h_1}\Xi_1^{h_2}\cdots$ が現れる．こうした相互作用線の和は $n=\sum_i h_i m_i$ の関係を満たしている．n 個の H_{it} の並べ方は $n!$ 通りあるが，そのうち各 h_i 個の H_{it} は，同じダイアグラム Ξ_i に属するので，これを同じと見なし，$n!$ を $h_i!$ で割ってそのパターンの総数は $n!/h_1!\,h_2!\cdots$ となる．故に (4.5) の多重積分は，以下の様な和

$$n!\sum_{h_1}\frac{1}{h_1!}\Xi_1^{h_1}\sum_{h_2}\frac{1}{h_2!}\Xi_2^{h_2}\cdots, \tag{4.7}$$

で表される．この和は，$n=\sum_i h_i m_i$ を満たす様なすべての可能なパターンについての和である．(4.5) を Ξ_m で表すに際しては，右辺の $(-1)^n$ は各々の Ξ_m の $(-1)^m$ に分配され $(-1)^n=\prod_i(-1)^{m_i h_i}$ と分解されるが，それが (4.6) の右辺の先頭に現れる．(4.5) での n についての和は，有限の n のままでは拘束条件を満たさねばならないが，$n\to\infty$ とすると，(4.7) の各々の h_i についての和は無限大までの和に置き換わる．その結果

$$Z_V(\mu)=Z_0(\mu)\exp(\Xi_1+\Xi_2+\cdots) \tag{4.8}$$

を得る．

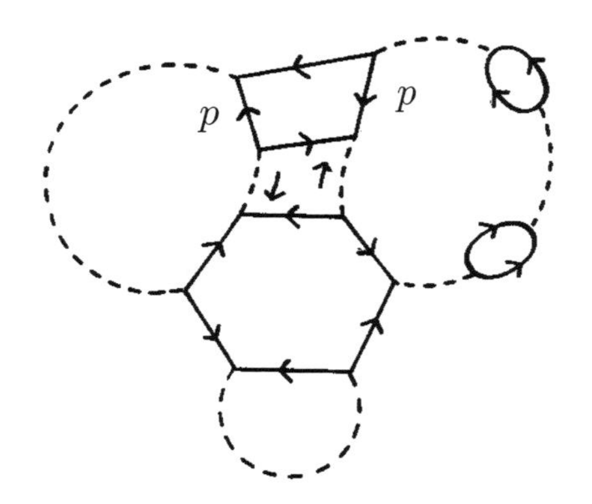

図 4.4 図 4.3 で 2 つの泡の間の粒子の交換より出来た四角形と，3 つの泡の間での交換により出来た六角形を含んだ多角形．この図形は $(2,1,1,0,0,0,0)$ のパターンに属し，$K_1^{\nu_1}\cdots K_s^{\nu_s}$ タイプのグラフの 1 例である．(cf. [41].)

(1) 高温ではコヒーレントな波動関数はまだ少数の粒子しか含んでいないので，$Z_V(\mu)$ には比較的小さなダイアグラムが現れる．運動量空間でのその典型的な例は，図 4.3(a) の様な泡図形が繋がって出来たリングダイアグラムの和である．矢印を持つ細い実線はボース粒子のプロパゲーターを表し，点線は引力相互作用を表す．

(2) この系の温度を下げていくと，(4.5) の右辺の $\langle TH_{it}(\beta_1)\cdots H_{it}(\beta_n)\rangle$ には，粒子の入れ替えに対して対称な多体波動関数が現れる．例えば図 4.3(a) にあるリングダイアグラムの和は，次の様に変化する．リング上の泡にある 2 つの粒子のうちの 1 つが，他のリング上にある泡の 1 つの粒子と同じ運動量 $(p = p')$ を持つ時，ボース統計に従うならば，この 2 つのリングの間で粒子を入れ替えた図形も考えねばならない．その結果，図 4.3(b) に示した様な四角形のダイアグラムが生まれ 2 つのリングは繋がる．この様な入れ替え操作により生まれるダイアグラムを $Z_V(\mu)$ に入れていくと，多くの粒子が同じ状態 $(p = p')$ を占める多角形が現れ，ボース統計の要請が満たされていく．すなわち，図 4.3(b) では 3 つの異なるリングダイアグラムが向かい合っているが，向かい合う 3 つの泡の間で同じ運動量を持つ 3 つの粒子が交換されると図 4.4 の様な 1 つの六角形が出来る．更に図 4.4 の様に，四角形と六角形の間で同じ運動量を持つ 2 つの粒子が交換されると八角形が出来る．粒子の交換の系列は，図 4.5 の様な 1 つの大きな多角形が出来るまで続く．n 個の泡から始まって n 回の粒子の交換により，$2n$ 個のボース粒子よりなる 1 つの大きな多角形が生まれる．**多角形の大きさ（その辺の数）は粒子の数，つまりコヒーレントな波動関数の大きさを反映する．**温度が下がると，大きなコヒーレント波動関数が，$Z_0(\mu)$ だけではなく $\langle TH_{it}(\beta_1)\cdots H_{it}(\beta_n)\rangle$ においても重要になる．

理想ボース気体を扱った 3.3 節では，被摂動部分 $Z_0(\mu)$ を座標空間で考察し，図 3.5 の多角形を基本多角形と呼んだ．これとは対照的に，相互作用するボース気体に現れる運動量空間での多角形は，図 4.5 に見る様に各々の結節点ごとに 1 本の相互作用線を持ち，結節点どうしは互いに結び合う．このタイプの多角形を「相互作用多角形」と呼ぼう．この 2 種類の多角形は，コヒーレントな多体波動関数の相補的な表現である．各々の相互作用多角形のループでは，ボース粒子のプロパゲーター（内部運動量を矢印で表す実線）が，時計回りと反時計回りが向かい合わせになる様に配置されている．各々の結節点では運動量とエネルギー $(q_i, r_i\beta^{-1})$ が流れ込み，あるいは出て行く．この大きな相互作用多角形で，連結したダイアグラム Ξ_m を構成しよう．

4.1.1.1　相互作用多角形

大きさ $2s$ の図 4.5 の様な相互作用多角形を考えよう．そこでは s 個の異なる内部運動量 p_i $(i=1,\ldots,s)$ が流れている．

(1) この多角形は，運動量 p と虚振動数 $l\beta^{-1}$（l は偶数）の組 $(p_i, l_i\beta^{-1})$ を持つ s 個のボース粒子と，$(-(p_i+q_i), -(l_i+r_i)\beta^{-1})$ を持ち逆向きの矢印で表される s 個のボース粒子から出来ている．各々の矢印は多角形上に互い違いに現れ，その結節点で相互作用線と繋がっている．ここでボース粒子の温度グリーン関数を

$$G(p) = \frac{1}{i\dfrac{\pi l}{\beta} - \epsilon_p + \mu} \tag{4.9}$$

で定義しよう．大きさ $2s$ の相互作用多角形は

$$K_s = \prod_{i=1}^{s}\left(\frac{1}{\beta}\frac{1}{(\epsilon_{p_i}-\mu)+i\dfrac{\pi l_i}{\beta}}\frac{1}{(\epsilon_{-(p_i+q_i)}-\mu)-i\dfrac{\pi(l_i+r_i)}{\beta}}\right), \tag{4.10}$$

と表される．ここで l, r は零を含む偶数である．理想ボース気体の $Z_0(\mu)$ では図 3.5 の様に座標空間で孤立した基本多角形の集団が現れたが，相互作用多角形とは，運動量空間での入れ替え操作の結果生まれた多角形どうしが，更に互いに絡み合う集合体（クラスター）である．

(2) 連結したダイアグラム Ξ_m 内での相互作用多角形の分布を $\{\nu_s\} = \{\nu_1, \nu_2, \ldots\}$ と表し，この中で大きさ $2s$ の相互作用多角形 K_s が ν_s 回だけ現れるとする．（例えば，図 4.4 においては $\{\nu_s\} = \{2,1,1,0,\ldots\}$ である．）大きさ $2s$ の相互作用多角形の各頂点からは，合計 $2s$ 本の相互作用線が生まれる．それらが集まって出来る Ξ_m 内の m 本の相互作用線の内訳は，多角形の分布

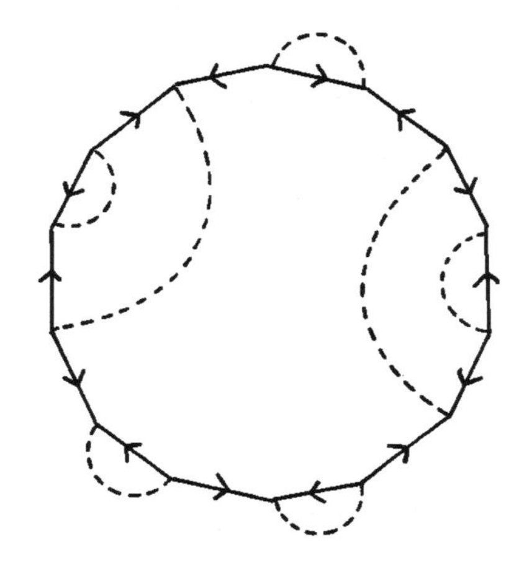

図 4.5 粒子の入れ替え操作の結果，最終的に生まれた 1 つの大きな相互作用多角形 (14-gon)．これは $(0,0,0,0,0,0,1)$ のパターンに属し，K_m タイプのグラフの 1 例である．(cf. [41].)

$\{\nu_s\}$ に従って $m=\sum_s s\nu_s$ と表される．(1 本の相互作用線は，流入と流出の際に 2 回数えられるので，半分に数えた.)

(3) 分布 $\{\nu_s\}$ で表されるすべての配置の数を考え，それを $D_m(\nu_1,\ldots,\nu_s,\ldots)$ と表そう．すると (4.6) の Ξ_m を，相互作用多角形 K_i を用いて以下の様に書き直す事が出来る．

$$\Xi_m = V\frac{1}{m!}\sum\sum_{\{\nu_s\}} D_m(\nu_1,\ldots,\nu_s,\ldots)K_1^{\nu_1}\cdots K_s^{\nu_s}\cdots. \tag{4.11}$$

(ここで (4.6) の右辺の $(-1)^m$ は，K_i の定義に吸収した．また上式の最初の和は可能な全ての運動量とエネルギーについて取る.)

粒子間の相互作用 $H_{it}(\beta)$ は，粒子間の距離の関数である．座標空間での積分が $\langle TH_{it}(\beta_1)\cdots H_{it}(\beta_n)\rangle$ で実行される時には，粒子間の相対座標が用いられるので，座標についての積分の多重度は 1 つ減り，これが (4.11) の右辺に体積 V として現れる．これは Ξ_m 全体の並進運動に対応する．一見すると，この Ξ_m は第 3 章の (3.93) で扱った理想ボース気体の系全体の分配関数 $Z_0(N)$ と似た形をしている．

この Ξ_m を見積もる為には，積 $K_1^{\nu_1}\cdots K_s^{\nu_s}\cdots=\prod_s(K_s)^{\nu_s}$ に与えるボース統計の影響を調べねばならない．

4.1.2 ボース統計の効果

温度が下がるにつれてボース統計の効果は (4.11) の相互作用多角形の積 $\prod_s(K_s)^{\nu_s}$ にその姿を表し，ボース気体の液体への転移に強い影響を与える．

4.1.2.1　共通の運動量

温度が下がるにつれて，ボース粒子は低いエネルギーの状態に集まる．その結果，相互作用多角形中のボース粒子は共通の小さな運動量 p を持つ．(4.10) の大きさ $2s$ の相互作用多角形 K_s では，粒子は共通の運動量 p_i とエネルギー l_i/β を持ち，$q_i = 0$ かつ $r_i = 0$ になる．(4.6) の $\langle TH_{it}(\beta_1)\cdots H_{it}(\beta_n)\rangle$ では $H_{it}(\beta)$ ごとに独立に p_i と l_i について和を取ったが，(4.11) の K_s ではそれが共通の p と l についての和に変わる．H_{it} の U_a を含めて，(4.10) の K_s を

$$K_s = \sum_{l,p} \left(-U_a \frac{1}{\beta} \frac{1}{(\epsilon_p - \mu)^2 + \left(\dfrac{\pi l}{\beta}\right)^2} \right)^s \equiv \sum_{l,p} x(p,l)^s, \tag{4.12}$$

と再定義しよう．$(-1)^m = \prod_s (-1)^{s\nu_s}$ であるので，(4.6) の $(-1)^m$ は上式の右辺の U_a の前の負の記号に姿を変えた．

4.1.2.2　単一の大きな多角形への集中

図 4.4 の様な $K_1^{\nu_1}\cdots K_s^{\nu_s}$ 型のグラフと，図 4.5 の様な大きな K_m 型のグラフを比較しよう．前者では各々の K_s は (4.12) の様に p と l についての和を含んでいるので，それらの積 $\prod_s (K_s)^{\nu_s}$ には和が多重に含まれている．故に一般には $K_1^{\nu_1}\cdots K_s^{\nu_s}$ 型のグラフの種類と数は，K_m 型のグラフのそれよりも多い．しかし温度が下がるにつれて，粒子は低いエネルギーの状態に集まるボース統計の特徴が，前者のグラフの多様性を減らしていく．低温では $K_1^{\nu_1}\cdots K_s^{\nu_s}\cdots$ 中のすべての K_i は，共通の p と l を持ち，多数の和が 1 つの和に収斂して，$m = \sum_s s\nu_s$ を満たす単一の形 $K_m = \sum_{p,l} x(p,l)^m$ に近づく．$K_1^{\nu_1}\cdots K_s^{\nu_s}$ 型のグラフの持つ多様な種類は徐々に少なくなり，その代わりに K_m 型のグラフが重要になる．4.1.3 節ではこれを更に定量的に調べよう．

4.1.2.3　正項級数

引力相互作用するボース気体 ($U_a < 0$) では，(4.12) で定義される K_s は常に正である．故に (4.11) の Ξ_m を用いて表される $\Xi_1 + \Xi_2 + \Xi_3 + \cdots$ は正項級数である．次節で述べる様に，気体の安定性を調べるには，$Z_V(\mu) = Z_0(\mu)\exp(\Xi_1 + \Xi_2 + \cdots)$ と表した大分配関数の収束性を調べるが，その際には，Ξ_m の満たす不等式を用いる．$\Xi_1 + \Xi_2 + \Xi_3 + \cdots$ は正項級数なので，その上限と下限を導くにあたっては，展開の中の各項どうしの打ち消しを心配せずに，主要な項だけを考えればよい．ボース系の気体液体転移に統計力学を適用する上で，この点は深い意味を持っている．（引力相互作用するフェルミ系の場合では交代級数が現れ状況が異なる．これは 6.2 節で論じる．）

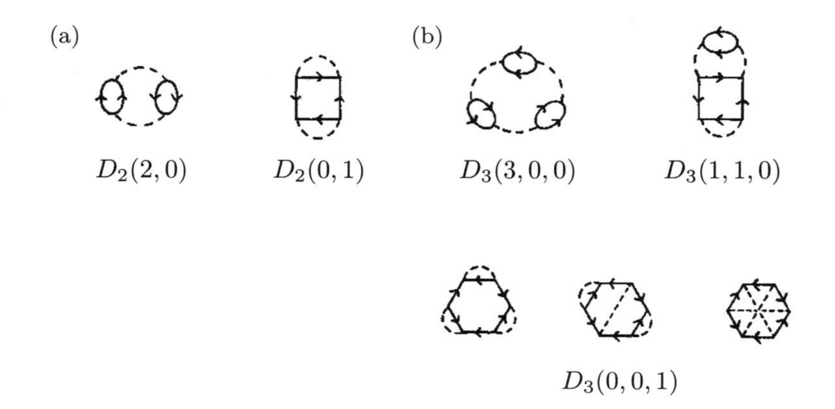

図 4.6　多角形クラスター．(a) $m=2$ の場合の $D_2(2,0)=1$ と $D_2(0,1)=1$. (b) $m=3$ の場合の $D_3(3,0,0)=1$, $D_3(1,1,0)=1$, と $D_3(0,0,1)=3$.（cf. [41].）

4.1.2.4　斥力相互作用の場合

これとは反対に斥力相互作用するボース気体 ($U_r > 0$) では，(4.12) の K_s の符号は s が増えるにつれて正負に振動する．(4.11) を用いて作った $\Xi_1 + \Xi_2 + \Xi_3 + \cdots$ は交代級数となるので不等式を用いる事が出来ず，それより定義される $Z_V(\mu)$ の摂動級数を評価するのは難しい問題である．一般に斥力相互作用するボース粒子のボース凝縮をなるだけ近似を使わずに第一原理から理論化しようとすると，この点がすでに困難として横たわる．液体ヘリウム 4 の現象論は早くから発展してきたにも拘わらず，第一原理から微視的な理論を作るのは古くからの難問であった[42]．ボース気体の液体への転移でも，気体が崩壊し液体として安定化する最終の段階では斥力が系を安定化するのに寄与し，これを第一原理から記述しようとすると同じ困難にぶつかる．

4.1.3　グラフ理論から見た多角形クラスター

ボース統計の影響の表れた (4.11) の $D_m(\nu_1,\ldots,\nu_s,\ldots)$ を具体的に見積もろう．その為に，多角形が $\{\nu_1,\ldots,\nu_s,\ldots\}$ の様に分布した多角形クラスターを，実際に描いてみよう．$m=2,3,4$ の場合には，$m=\sum_s s\nu_s$ を満たす $\{\nu_s\}$ を以下の様に分類する．

$m=2$ では，$2=\nu_1+2\nu_2$ を満たす $\{\nu_1,\nu_2\}$ として，$\{2,0\}$ と $\{0,1\}$ がある．各々のグラフは図 4.6(a) に描いた 1 通りしかなく，$D_2(2,0)=1$, $D_2(0,1)=1$ を得る．

$m=3$ では，$3=\nu_1+2\nu_2+3\nu_3$ を満たす $\{\nu_1,\nu_2,\nu_3\}$ として，$\{3,0,0\}$,

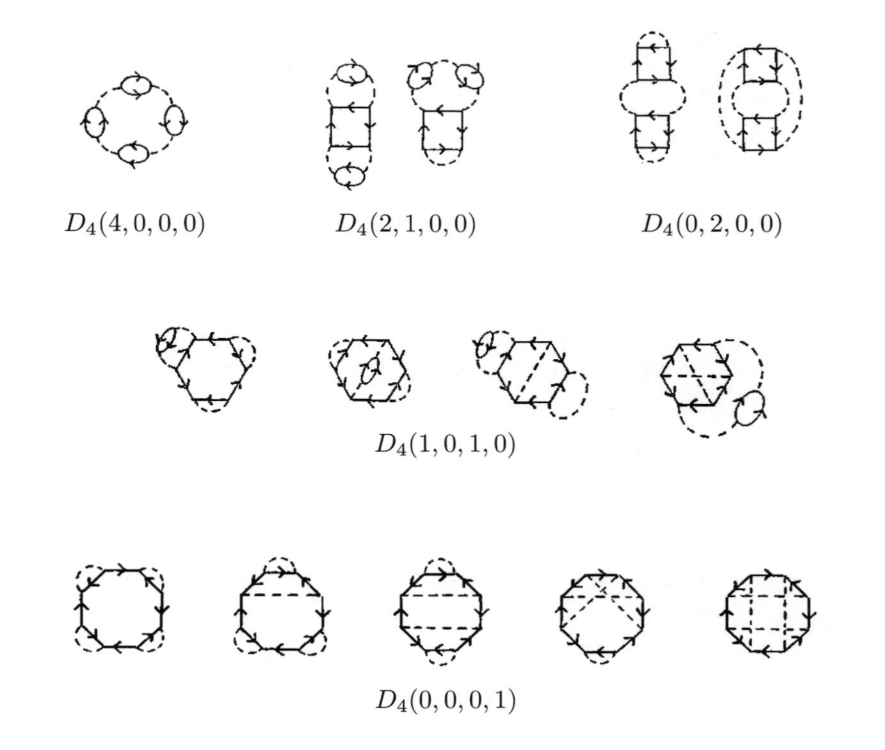

図 4.7　$m = 4$ の多角形クラスター，$D_4(4, 0, 0, 0) = 1$，$D_4(2, 1, 0, 0) = 2$，$D_4(0, 2, 0, 0) = 2$，$D_4(1, 0, 1, 0) = 4$，と $D_4(0, 0, 0, 1) = 5$．（cf. [41].）

$\{1, 1, 0\}$ と $\{0, 0, 1\}$ がある．図 4.6(b) にその可能なグラフを示し，$D_3(3, 0, 0) = 1$, $D_3(1, 1, 0) = 1$ と $D_3(0, 0, 1) = 3$ を得る．

$m = 4$ では，$4 = \nu_1 + 2\nu_2 + 3\nu_3 + 4\nu_4$ を満たす $\{\nu_1, \nu_2, \nu_3, \nu_4\}$ として $\{4, 0, 0, 0\}$, $\{2, 1, 0, 0\}$, $\{0, 2, 0, 0\}$, $\{1, 0, 1, 0\}$, と $\{0, 0, 0, 1\}$ がある．これには図 4.7 に示す様に様々なグラフがあり，$D_4(4, 0, 0, 0) = 1$, $D_4(2, 1, 0, 0) = 2$, $D_4(0, 2, 0, 0) = 2$, $D_4(1, 0, 1, 0) = 4$ と $D_4(0, 0, 0, 1) = 5$ を得る．このうち $D_4(0, 0, 0, 1)$ が K_m 型のグラフの数である．K_m 型のグラフは，粒子数 m が増えるにつれて相互作用線の繋がり方が多様になり，グラフの種類も増える．

4.1.3.1　組み合わせ数学の結果を用いた不等式

図 4.6 と 4.7 を見ると，以下の点に気がつく．

(1) m 本の相互作用線を持つ大きな多角形クラスターでは，相互作用多角形の分布には，$\{m, 0, \ldots, 0\}$ から $\{0, \ldots, 0, 1\}$ まで広がる多くのタイプがある．同じ分布を持つグラフの組は Ξ_m に同じ寄与をするので，これらを同じパターンに属するとしよう．（例えば $m=4$ の場合，図 4.7 には 5 つのパターンがある．）m 次のグラフに現れるパターンの数 $p(m)$ は，m を正の整数 s の和 $(m=\sum_s s\nu_s)$ として表す場合の数に等しい．組み合わせ数学では，これは「m の分割」の問題として知られている[43]．そこでは，以下の様な $p(m)$ の $m\to\infty$ での漸近形

$$p(m)\sim\frac{1}{4\sqrt{3}m}\exp\left(\pi\sqrt{\frac{2m}{3}}\right) \tag{4.13}$$

が知られている．m が増えるにつれて，パターンの多様性は急激に増加する．

(2) 図 4.7 は 4 本の相互作用線を持つ多角形 $(m=4)$ の例である．$D(0,0,0,1)$ の様な K_m 型のグラフは，それ以外の $K_1^{\nu_1}\cdots K_s^{\nu_s}$ 型のグラフよりも多く存在する．この傾向は m が増加するにつれて更に顕著になる．任意の大きな m において，最大の D_m に対応するパターンは，大きさ最大の多角形である $2m$ 角形から出来ている．これからは，この様な $D_m(0,\ldots,0,1)$ を $D(m)$ と略記しよう．

$p(m)$ と $D(m)$ を結びつけると，$m\to\infty$ で $\Sigma D_m(\nu_1,\ldots,\nu_s,\ldots)$ が満たす 1 つの不等式

$$D(m)<\sum_{\{\nu_s\}}D_m(\nu_1,\ldots,\nu_s,\ldots)<\frac{1}{4\sqrt{3}m}\exp\left(\pi\sqrt{\frac{2m}{3}}\right)D(m), \tag{4.14}$$

を得る．ここで下限は，和の中には最大の多角形による $D(m)$ しかない場合である．上限は和の中の $p(m)$ 通りのパターンが，すべて最大多角形の $D(m)$ からなる場合である．

(3) 図 4.6 と図 4.7 では，図形として可能なすべてのグラフを挙げたが，現実にボース気体で生じるグラフには，更に制限が加わる．高温で存在する様々なタイプの小さな多角形クラスターから，温度が下がるにつれて，それらの間で粒子が交換され大きな多角形が作り出される．この入れ替え操作で生まれた大きな多角形は，相互作用線が交叉しないという性質を持っている．（例えば図 4.5 を見よ．）その結果生まれるグラフは，点線で結ばれる 2 つの頂点は常に奇数個の辺だけ離れているという特別なグラフに属する．（偶数個の辺だけ離れた頂点を結ぶには，相互作用線が交差せねばならない．）$D(m)$ とは，その様な m 本の相互作用線を持つ $2m$ 角形の数である．

組み合わせ数学では，この条件を満たす $D(m)$ の漸近形は以下の様に求められる．m 本の点線がついたより一般的な $2m$ 角形を考えて，$D(m)$ に含まれる（図 4.5 の様な）大きな相互作用多角形をその一部と見なそう．それらを回転と反転についての対称性により分類する．m 本の点線がついた多角形には，角度 $\pi l/m$ $(l=0,1,\ldots,2m-1)$ の回転操作 C_l を行っても不変な多角形

もある．更に $2m$ 本の対称軸について折り返しても不変な多角形もある．この場合，対称群は $4m$ 個の要素 $C_0, C_1, \ldots, C_{4m-1}$ から成る．C_i の変換について不変なグラフの数を $\phi(C_i)$ と表記しよう．組み合わせ数学では[44]この様なグラフの総数が，

$$\frac{1}{4m}\sum_{C_i}\phi(C_i) \tag{4.15}$$

である事が，バーンサイドの定理，またはコーシーとフロベニウスの定理として知られている*1)（4.2.5 節の補遺を参照）．図 4.5 の様な相互作用多角形は，個々の C_i で不変な図形ではなく，特別な対称性を持たない多角形，つまり恒等変換 C_0 についてのみ不変な多角形である．$m \to \infty$ になるにつれて，多くの $\phi(C_i)$ の中で，この $\phi(C_0)$ が支配的になる．ここで考える $2m$ 多角形では，奇数個の辺だけ隔てられた頂点を繋ぐ相互作用線のみが許されるので，$\phi(C_0)$ は 1 つの頂点と，$2m$ 個の頂点のうちの m 個の頂点を繋ぐ仕方の数に等しい $(\phi(C_0) = m!)$．故に $\Sigma\phi(C_i)$ の中でこの $\phi(C_0)$ のみを取って

$$D(m) \to \frac{m!}{4m}, \quad \text{as} \quad m \to \infty \tag{4.16}$$

を得る．(4.16) を (4.14) に代入すると，$\sum_{\{\nu_s\}} D_m(\nu_1, \ldots, \nu_s, \ldots)$ についての 1 つの不等式が得られる．これを，次の節で Ξ_m についての不等式を構成するのに用いよう．

4.1.4　ボース気体の大分配関数の正則領域

$Z_V(\mu)$ の収束条件を調べる為に，正項級数 $\Xi_1 + \Xi_2 + \Xi_3 + \cdots$ の各項

$$\Xi_m = \frac{V}{m!}\sum_{\{\nu_s\}} D_m(\nu_1, \ldots, \nu_s, \ldots) K_1^{\nu_1} \cdots K_s^{\nu_s} \cdots \tag{4.17}$$

が低温で満たす不等式を考えよう．

(1) $D_m(\nu_1, \ldots, \nu_s, \ldots)$ に含まれているパターンのうち，低温での主な構成要素は最も大きい $2m$ 角形である．そこで積 $K_1^{\nu_1} \cdots K_s^{\nu_s} \cdots$ を K_m で代表させる事が出来る．

(2) この Ξ_m が満たす不等式を得る為に，$\sum_{\{\nu_s\}} D_m(\nu_1, \ldots, \nu_s, \ldots)$ についての不等式 (4.14) を用いる．その上端と下端の $D(m)$ として漸近形 (4.16) を用い，更に全体に $V/m!$ と K_m を掛けると，Ξ_m についての不等式

$$V\frac{1}{4m}K_m < \Xi_m < V\frac{1}{16\sqrt{3}m^2}\exp\left(\pi\sqrt{\frac{2m}{3}}\right)K_m \tag{4.18}$$

を得る．この不等式を $Z_V(\mu) = Z_0(\mu)\exp(\Xi_1 + \Xi_2 + \cdots)$ の不等式に書き

*1)　組み合わせ数学では，バーンサイドの定理と呼ばれているが，それ以前のコーシーやフロベニウスの頃からすでに知られていたという[45]．また，有限の n については $D(n)$ の厳密な式が得られている[46]．

換えよう．上式の K_m に (4.12) を用い m について和を取った後に，それを $\exp(\Xi)$ の指数部に乗せると，

$$Z_0(\mu)\prod_{p,l}\exp\left(V\sum_{m=1}^{\infty}\frac{1}{4m}x(p,l)^m\right) < Z_V(\mu)$$

$$< Z_0(\mu)\prod_{p,l}\exp\left(V\sum_{m=1}^{\infty}\frac{\exp\left(\pi\sqrt{\frac{2m}{3}}\right)}{16\sqrt{3}m^2}x(p,l)^m\right) \tag{4.19}$$

を得る*2)．両辺の対数を取ると，

$$\ln Z_0(\mu) + V\sum_{p,l}\sum_{m=1}^{\infty}\frac{1}{4m}x(p,l)^m < \ln Z_V(\mu)$$

$$< \ln Z_0(\mu) + V\sum_{p,l}\sum_{m=1}^{\infty}\frac{\exp\left(\pi\sqrt{\frac{2m}{3}}\right)}{16\sqrt{3}m^2}x(p,l)^m \tag{4.20}$$

となる．

もし上端の無限級数が，与えられた引力 U_a の下ですべての p と l について収束するならば，$\ln Z_V(\mu)$ は有限である，すなわち引力相互作用するボース気体が安定である事が保証される．1.4.3 節で証明した様に，コーシー–アダマールの定理によれば，冪級数 $\sum_{m=1}^{\infty} a_m x^m$ の収束半径 $x = r_c$ は

$$\frac{1}{r_c} = \overline{\lim_{m\to\infty}}|a_m|^{1/m} \tag{4.21}$$

で与えられる．この定理を (4.20) の両端にある無限級数，すなわち上端の $a_m = \exp(\pi\sqrt{\frac{2m}{3}})/(16\sqrt{3}m^2)$ と，下端の $a_m = 1/(4m)$ に適用しよう．$|a_m|^{1/m}$ の極限を考えるに際して，2 つの性質，すなわち

$$\lim_{m\to\infty} m^{1/m} = 1 \tag{4.22}$$

と，$c > 1$ なる定数 c について

$$\lim_{m\to\infty} c^{1/m} = 1 \tag{4.23}$$

を用いる．すると，両端ともに収束半径として $r_c = 1$ を得る．故にこの両端に挟まれた $\ln Z_V(\mu)$ にも収束半径 $r_c = 1$ が存在する．この収束条件 $x(p,l) < r_c$ に $x(p,l)$ の定義 (4.12) を用いると，各々の p, l について

$$-U_a\frac{1}{\beta}\frac{1}{(\epsilon_p-\mu)^2+\left(\frac{\pi l}{\beta}\right)^2} < 1 \tag{4.24}$$

を得る．引力が働いても，これを満たす高い温度（小さな β）であれば，ボー

*2) 両端は $\exp(aV)$ の形をしている．これは一般的に証明されている様に，$Z_V(\mu)$ の $V\to\infty$ での極限形である[3]．

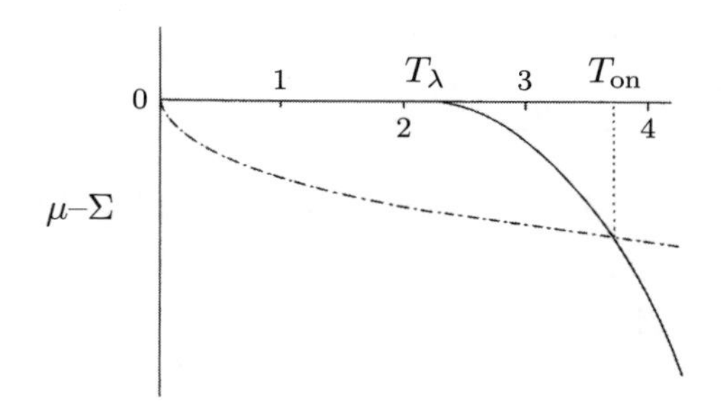

図 4.8　$\mu(T)$ [(4.3)] の温度依存性（実線）と，不安定条件 $\mu(T) = -\sqrt{-U_a k_B T}$（点線）．本文では $\Sigma = 0$ とした．温度が下がるにつれて，$\mu(T)$ の実線は T_0 より上の温度で必ず点線で描いた不安定線と交わる．すなわち，液体への転移はボース凝縮が起きる前に始まる．

ス気体は安定である．その大分配関数には複素平面上で正則領域が存在する．

第 1 章では，古典気体の状態方程式のクラスター展開 (1.104) を得た．(4.20) の両端をこれと比べると，(4.12) で表される $x(p,l)$ は，古典気体の $b_0\xi$，すなわち (1.39) と (1.102) に対応する．$x(p,l)$ も $b_0\xi$ も，粒子間相互作用 U が運動エネルギーに対して持つ割合いを表す量である．上の条件は，古典気体の安定条件 $b_0\xi < 1$ と似ている．

4.2　ボース気体の量子気体液体相転移

温度が高い時は，引力相互作用するボース気体 ($U_a < 0$) は，熱力学的に安定な状態である．しかし温度が下がるにつれて，負の化学ポテンシャル μ は図 4.8 に示す様に徐々に零に近づく．その途上で大分配関数 $Z_V(\mu)$ が発散する[41]．

4.2.1　液体への相転移

高い温度では $\mu \ll 0$ なので，$\ln Z_V(\mu)$ を摂動展開して得られた級数の収束条件 (4.24) はすべての p と l において成り立つ．従って引力相互作用するボース気体 ($U_a < 0$) は，熱力学的に安定な状態である．

しかし温度が下がるにつれて負の $\mu(T)$ は，徐々に (4.3) に従って零に近づく．この収束条件 (4.24) の左辺は $p = l = 0$ で最大値を取るので，ある温度 T_c に達すると，この安定性の条件は，多くの p と l の中で，最初に $p = l = 0$ で破れる．この T_c は (4.24) で $p = l = 0$ と置いた

$$-\frac{U_a}{\beta_c \mu(T_c)^2} = 1, \tag{4.25}$$

より決まる．これは古典気体の液体への相転移の条件 $b_0\xi = 1$ の量子版であ

る．不安定が起きる温度 T_c は，

$$\mu(T_c) = -\sqrt{-U_a k_B T_c} \tag{4.26}$$

を満たす．図 4.8 は，(4.3) の $\mu(T)$ を実線で，不安定の条件 $\mu(T) = -\sqrt{-U_a k_B T}$ を点線で示す．温度を下げていくと，$\mu(T)$ は実線に沿って零に近づくが，まだ T_λ で零になる前に曲線 $\mu(T)$ は必ず不安定条件の点線と交わる．この時に $\ln Z_V(\mu)$ は突然に発散し，1 粒子当たりの体積 v $(= V/N)$ は

$$\frac{N}{V} \equiv \frac{1}{v} = k_B T_s \lim_{V\to\infty} \frac{\partial}{\partial\mu}\left(\frac{\ln Z_V(\mu)}{V}\right), \tag{4.27}$$

に見る様に非連続的に零になる．つまり引力相互作用するボース気体では，その全体がボース凝縮状態に転移する前に，個々の粒子は他の粒子との間に長い距離を保てず，全体は高密度の状態である液体に相転移する．この $\ln Z_V(\mu)$ の発散が最初に零運動量のボース粒子で起きるので，**様々な運動量を持つ多くのボース粒子の中で，零運動量のボース粒子が最初に気体中で多くの液滴を作る（第 1 段階）．この液滴は高密度の零運動量のボース粒子から出来ているので，液体への相転移は直ちにその副産物としてボース凝縮体の成長を引き起こす（第 2 段階）**．図 4.1 の相図に見る様に，**0.05 気圧以下で正常気体ヘリウム 4 を冷却していくと，正常液体を経ずに直接に超流動液体への相転移を起こすのは，この 2 段階の過程の結果である．**

(1) 引力相互作用するボース気体は，ボース凝縮相としては熱力学的に安定に存在出来ないので，この (4.26) の条件を全体がボース凝縮する条件と比べる必要はない．むしろボース気体を冷していくと，ボース凝縮相に達する前に (4.26) が実現する．

(2) 3.3 節で述べた様に，化学ポテンシャル μ はコヒーレントな波動関数のサイズ分布 $h(s)$ を決める．高い温度 $(\mu \ll -k_B T)$ では，$h(s)$ は s の急激な減少関数であるが，温度が下がるにつれて，$h(s)$ は s に弱く依存する分布に徐々に変化し，ついに液体への凝縮線で以下の様な分布 $h_c(s)$ に達する．

$$h_c(s) = \begin{cases} \dfrac{1}{s}\exp\left(-\sqrt{\dfrac{-U_a}{k_B T_c}}\,s\right) & p = 0 \\ \left(\dfrac{V}{2\lambda^3(T_c)}\right)\dfrac{1}{s^{2.5}}\exp\left(-\sqrt{\dfrac{-U_a}{k_B T_c}}\,s\right) & p \neq 0. \end{cases}$$

この分布を超えると引力相互作用するボース気体は気体としては存在せず，液体へと崩壊する．故に $h_c(s)$ は，引力 U_a の働く気体相でのコヒーレントな波動関数の臨界的なサイズ分布である．

(3) ボース粒子系ではなくフェルミ粒子系を冷やしていくと，これと原理的には類似の現象が起きる．しかし金属中の電子で起きる 2 段階の現象の順序

は，気体ヘリウム 4 での順序，すなわち座標空間での液体への相転移とそれに続く運動量空間でのボース凝縮，の順とは逆である．金属中の電子はすでに高密度であり，座標空間では凝縮している．これを冷していくと，フェルミ粒子は緩く結合した対（クーパー対）を作る．これは重心運動量がボース統計に従って零になる準粒子が出現した事を意味する．ひとたびこうした準粒子が現れると，すでにこれは高密度に達しているので，直ちにボース凝縮体を形成し超伝導状態になる．つまりボース粒子系の場合とは逆の順である．統計により現象が出現する順序が異なる事は，5.5 節で改めて論じる．

4.2.2 引力相互作用の弱極限

第 1 章で見た古典的な気体液体相転移では，相互作用が閾値を超えると初めて転移が起きた．そこでは相互作用ポテンシャル $U(r)$ により連結クラスター積分 β_s が決まり，それにより構成される b_0 と ξ_0 が，低温になると $b_0\xi = 1$，すなわち (1.106) に達すると初めて液体への転移が起きた．それとは対照的に，**ボース粒子系の量子気体液体相転移では，引力相互作用が原理的には無限に弱くともそれがゼロでない限り，温度を下げていくと気体の液体への相転移が必ず起きる．**何故ならたとえ $-U_a$ が極めて小さくても，ボース凝縮点の近くの正常相では，更に気体を冷やせば，(4.26) の相転移の条件は，よりゼロに近い $\mu(T)$ について成立するからである．この気体液体相転移にとって弱い相互作用の極限 ($U_a \simeq 0$) とは，非現実的ではなくむしろ実現可能な条件なのである．

極めて弱い引力が働く時に，T_c と $\mu(T_c)$ を密度一定の条件の下で粗く見積もろう．図 4.8 では，T_c は 2 つの曲線の交点であり $T_{\rm on}$ と書いた．簡単の為に (4.26) の $\mu(T)$ を理想ボース気体の (3.62) の $\mu_0(T)$ で近似し，(4.3) での T_0 と T_0' との差は無視する．引力の働くボース気体の液体への相転移温度 T_c は，引力を消し去った仮想的な理想ボース気体のボース凝縮温度 T_0 に近い．しかし T_c は T_0 より少しだけ高いので，この 2 つの温度を関係づけて T_c を表す．液体への相転移が起きる温度 T_c は，ゼロに近づく化学ポテンシャルが同時に $\mu(T) = -\sqrt{-U_a k_B T}$ を満たす温度である．$\mu(T)$ の温度変化を表す為に，ボース凝縮がまだ起きていない理想ボース気体の状態方程式

$$\frac{N}{V}\lambda^3 = g_{3/2}(e^{\beta\mu}) + \frac{\lambda^3}{V}\frac{e^{\beta\mu}}{1-e^{\beta\mu}} \tag{4.28}$$

を考えよう．ここでは右辺第 2 項は第 1 項と比べてまだ小さいのでこれを無視出来る．この状態方程式を，(3.56) を用いて $|\beta\mu(T)|$ について展開する[19]．

$$\frac{\lambda^3}{v} = g_{3/2}(e^{\beta\mu}) \simeq 2.612 - 3.545\sqrt{|\beta\mu(T)|} \tag{4.29}$$

（ここで $\lambda = \sqrt{2\pi\hbar^2\beta/m}$ は熱波長である）．この (4.29) と，上の条件

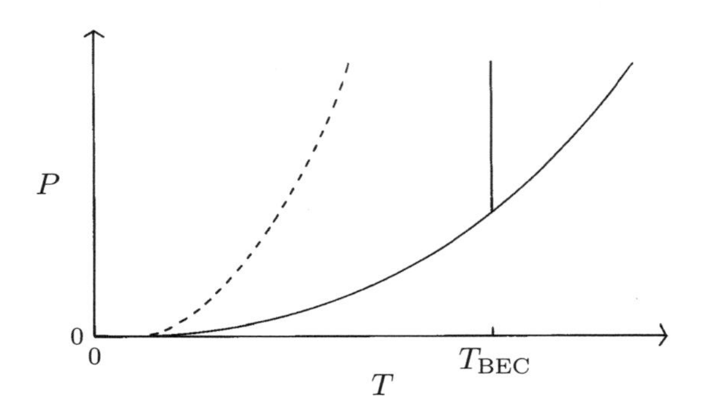

図 4.9　模式的な相図．点線は理想ボース気体の P–T_0 曲線を表す．実線は気体ヘリウム 4 の液体への凝縮線，すなわち (4.31) を用いて P–T_0 曲線をずらして得られた P–T_c 曲線を表す．$T_{\rm BEC}$ とはヘリウム 4 の場合は T_λ である．これらは図 4.1 でのヘリウム 4 の P–T 相図を再現する．(cf. [41].)

$\mu(T) = -\sqrt{-U_a k_B T}$ を同時に満たす T_c を求めたい．$-\sqrt{-U_a/\beta_c}$ を，(4.29) の右辺の $\beta_c\mu(T_c)$ の $\mu(T_c)$ に代入し，両辺を理想ボース気体のボース凝縮の条件 $\lambda_0^3/v = 2.612$ で割ると，$(\lambda_c/\lambda_0)^3 = (\beta_c/\beta_0)^{1.5}$ なので

$$\left(\frac{\beta_c}{\beta_0}\right)^{1.5} + 1.36(-U_a\beta_0)^{0.25}\left(\frac{\beta_c}{\beta_0}\right)^{0.25} - 1 = 0 \tag{4.30}$$

を得る．これより T_c と T_0 との関係

$$T_c \simeq T_0\left[1 + 0.90\sqrt[4]{\frac{-U_a}{k_B T_0}}\right], \tag{4.31}$$

が得られた．**同じ圧力 P の下では，気体ヘリウム 4 の液体への転移温度 T_c は，相互作用をスウィッチオフした仮想的な理想ヘリウム 4 気体のボース凝縮転移温度 T_0 よりもわずかに大きい．** この T_c を $\mu(T) = -\sqrt{-U_a k_B T}$ に用いると，気体液体相転移が起きる時の化学ポテンシャル

$$\mu_c \simeq -\sqrt{-U_a k_B T_0}\left[1 + 0.45\sqrt[4]{\frac{-U_a}{k_B T_0}}\right] \tag{4.32}$$

を得る．

図 4.9 に模式的な P–T 相図を示そう．点線は相互作用をオフにした仮想的な理想ボース気体のボース凝縮転移を表す P–T_0 曲線：$P = (m/2\pi\hbar^2)^{1.5} g_{5/2}(1)(k_B T_0)^{2.5}$ であり，実線は引力相互作用するボース気体の液体への転移を表す P–T_c 曲線（凝縮線）である．後者は，前者の P–T_0 曲線を (4.31) を用いて右に移動して得られる．

ヘリウム 4 の相図には，図 4.1 に見る様に，気体が常流動液体と超流動液体に会合する 3 重点がある．これは P–T_c 曲線上の $T = T_\lambda$ の点である．T_λ

としては，$\lambda^3/v = g_{3/2}(1)$ に液体の密度の実験値より得られた $v = V/N$ を使った

$$k_B T_\lambda = \frac{2\pi\hbar^2}{2.612^{1/3} m}\left(\frac{N}{V}\right)^{1/3} \tag{4.33}$$

を取ろう．（これは F. ロンドンの理論にまで遡る近似である．）図 4.9 では，$T = T_\lambda$ の垂直な直線が凝縮線と 3 重点で交叉するとして描いた．この模式的な相図は概念的な理解を得る為には有効であるが，それをヘリウム 4 の相図（図 4.1）と詳しく比較するには，液体状態についてのより精密な計算が必要である．

4.2.2.1 残された問題

(1) この章では，図 4.1 で 0.05 気圧よりも低い圧力の下で，気体ヘリウム 4 の温度を下げていく過程を扱った．そこでは液体への相転移により密度が劇的に増加し，必然的にボース凝縮が引き起こされる．しかし 0.05 気圧よりも高い圧力の下で気体ヘリウム 4 を冷したならば，状況は大きく異なる．この場合に我々が観測するのは，気体は正常相液体に相転移し，その後に起きる液体中でのボース凝縮である．3.3 節の配位空間でのボース凝縮の理論は，元来は液体ヘリウム 4 を対象として提案されたが，本質的には気体状態でのモデルである．液体ヘリウム 4 の中で起きるボース凝縮を扱うには，液体の様な強相関系でボース統計によるコヒーレンスが成長する過程を扱う必要がある．そこに気体におけるボース凝縮とは異なる物理があるかどうかは，将来に残された課題である．

(2) 気体の液体への相転移は，熱平衡を保ちながら起きる可逆的な過程である．0.05 気圧以下で逆に超流動液体ヘリウム 4 の温度を上げると，正常相の気体への沸騰が観測される．この現象を考える為には，液体の大分配関数 $Z_V(\mu)$ から議論を始めなくてはならない．もしこの様な $Z_V(\mu)$ が得られたならば，沸騰は $Z_V(\mu)$ の零点あるいは特異点と見なす事が出来るであろう．この零点または特異点が出現する上で，ボース統計が重要な役割りをすると予想される．従ってこれを**量子沸騰**と呼ぶのは，自然な呼び方である．第 2 章では，液体の物理的な描像を図 2.1(b) の様に模式的に描いたが，これからも窺われる様に液体は単純ではない．液体の $Z_V(\mu)$ には，液体のこの複雑な特徴を取り入れねばならない．しかしその物理を引出す為には，それは複雑すぎてはならない．これは難しい課題である．

4.2.3 古典気体における液体への相転移との比較

第 1 章で述べた古典気体の気体液体相転移と，量子気体液体相転移との違いを振り返ってみよう．図 4.1 の P–T 相図で凝縮線に沿って温度と圧力を下げていくと，気体液体相転移の性格が古典的転移から量子的転移に連続的に変化

する．

(a) 古典気体では液体への相転移が比較的高い温度で起きるので，粒子間の非弾性散乱が重要である．故にクラスター積分 (1.73)

$$b_l = \frac{1}{l!\,v} \int \cdots \int \sum \left[\prod_{i<j} f_{ij} \right] dV_1 dV_2 \cdots dV_{l-1} \tag{4.34}$$

を求めるには，$(l-1)$ 次元積分を実行せねばならない．しかしこの $\sum \left[\prod_{i<j} f_{ij} \right]$ には，ボース気体の相互作用多角形に現れた K_n 型の多角形よりも，はるかに多くの $K_1^{\nu_1} \cdots K_s^{\nu_s}$ 型の多角形クラスターが，座標空間でのダイアグラムとして存在する．故に $Z_V(\mu)$ を摂動展開して評価するにしても，その各次数においての最大の多角形のみを用いて評価する訳にはいかない．第 1 章の 1.5.3 節では，ダーウィン–ファウラーの方法により重要なグラフを選び出した．

これに対してボース粒子系の量子気体液体転移では，$Z_V(\mu)$ を最大の多角形に焦点を絞って評価する事が出来た．更に量子気体液体相転移は極めて低い温度で起きるので，ボース統計の効果が顕著に現れ，図 4.5 の様な共通の運動量 p を持つダイアグラムが重要になる．従って大きさ $2s$ の多角形ダイアグラムの寄与は (4.12) の様に簡単な形になった．

(b) 第 1 章で述べたメイヤーの方法では，古典気体の大分配関数 $Z_V(\mu) = \exp(V \sum_{l=0}^{\infty} b_l z^l)$ の b_l を，具体的に計算し $b_0 \xi$ を得た．これを用いて古典気体の気体液体相転移は，$b_0 \xi = 1$ の時に $Z_V(\mu)$ に起きる発散として定義された．この b_0 は

$$b_0 = \frac{1}{\xi_0} \exp \left(\sum_{s=1}^{\infty} \beta_s \xi_0^s \right) \tag{4.35}$$

の形を持つので，すべての s 成分についての $\beta_s \xi_0^s$ の和を実際に計算して初めて，$Z_V(\mu)$ の発散を証明する事が出来る．しかし 1.5 節で論じた様に，b_0 と相互作用ポテンシャル $U(r)$ との関係は複雑であるので，与えられたポテンシャルの下で果たして気体が不安定になるかを判定するには，複雑な計算が必要になる．

これとは対照的に引力相互作用するボース気体では，液体への崩壊は零運動量を持つボース粒子から始まる．従って $Z_V(\mu)$ の発散を，$Z_V(\mu) = Z_0(\mu) \exp(\Xi_1 + \Xi_2 + \cdots)$ 中の様々な Ξ_m に含まれる $p = 0$ の成分に焦点を絞って証明する事が出来る．

ヘリウム 4 での気体液体相転移の性格は，P–T 相図の凝縮線に沿って，古典的相転移から量子的相転移へと連続的に変わるが，そこにはこうした変化が起きている．

4.2.4 トラップされたボース気体の崩壊との比較

最近のトラップされた原子ボース気体の実験により，低温物理の新しい手段が生まれた．磁場を用いて超低温を実現し，粒子間の有効相互作用を直接に制御する事が可能になった．低密度の気体では，異なる粒子の波動関数はわずかに重なり合うだけであるが，超低温では大きなコヒーレント波動関数が現れて，状況は完全に異なっている．光学的な手段によりトラップされたボース気体は，通常の方法で冷やされた気体ヘリウム 4 が，低圧力下で示す極限の密度よりも更に 10^3〜10^6 倍も希薄である．しかし，その様な低密度であるにも拘わらず，超低温で成長したコヒーレント波動関数には，原子間の大きな距離を乗り越えてボース統計によるコヒーレンスが現れる．また印象的な実験により，印加した磁場を調節して粒子間の引力相互作用が限界を超えた時，準安定なボース凝縮状態の気体は崩壊を起こす事が確かめられた[47][48]．

しかしトラップされたボース気体に固有の性質は，今まで我々が行って来た議論を更に複雑にする側面を持っている．

(1) トラップされた気体は，制限された狭い空間に実現する．故に無限系に固有な概念である熱力学極限をそのまま適用する訳にはいかない．トラップされた冷却気体の実験が行われるはるか以前に，主に理論的な興味から調和振動子ポテンシャルにより束縛されたボース粒子の熱力学極限が考察された[49]．熱力学極限とは，元来 N/V を一定に保ったままで $N \to \infty$，または $V \to \infty$ を取る極限である．調和振動子系で考えられた極限の 1 つとして，a を束縛ポテンシャルの有効レインジとして，N/a^3 を有限に保ったまま $N \to \infty$ を取る極限がある．ω_p を束縛ポテンシャル $U(r) = \frac{1}{2}m\omega_p^2 r^2$ 中の振動の振動数とすれば，これは $N\omega_p^3$ を有限に保ったまま $N \to \infty$ を取る極限である．しかし N/a^3 または $N\omega_p^3$ を有限に保つとは，$a \to \infty$ または $\omega_p \to 0$ とする事であり，これは束縛系であるという前提と矛盾する．従って無限大に達する前に極限を取る操作を中止せねばならない．そもそも束縛系では熱力学極限は不可能なのである．

1.4 節での気体液体相転移の一般論によれば，図 1.3(a) の複素平面で円上に散らばった $Z_V(\mu) = 0$ の根が，図 1.3(b) で円上の連続分布に変わる為には，熱力学極限は本質的な役割りを果たした．従って，もし熱力学極限を取らないならば μ の実軸上で $Z_V(\mu) = 0$ が満たされる事はなく，気体液体転移は起きない．現実に観測されている崩壊した後の最終状態は，液体ではなく，固体または分子の小さな断片である．それらはトラップ容器の中心で相互に衝突した後，容器の中を飛び散る．

(2) 事態を複雑にする第 2 の理由は，系が準安定状態にある事である．調和振動子ポテンシャルにより束縛された原子では，多くのボース粒子はトラップ容器の中心に集まり系は空間的には非一様な状態にある．その結果，密度が増加して粒子の零点振動が激しくなり気体のままに留まる．従ってトラップされたボース気体は，引力相互作用をしているにも関わらず，準安定状態として気体のままに留まる．

問題を更に複雑にするこうした難点? を考えれば，トラップされた超冷原子気体は，「量子統計の影響下にある気体液体相転移」という統計力学の昔からの課題を解決する為には，気体ヘリウム 4 に取って代わる手段ではない．むしろメゾスコピックな数の原子集団が，ボース統計の影響下で示す動力学を研究する為の，強力な実験手段を提供したと見なすのが妥当である．

4.2.5 補遺：コーシーとフロベニウスの定理の証明

(1) 図 4.7 の最下段には，4 本の点線を持つ八角形の 5 つの例 $[D(4) = 5]$ を示した．以下では，n 本の点線がついた可能な全ての $2n$ 角形を考えよう．これらの集合 S

$$(a, b, \ldots\ldots) \equiv (s) \in S,$$

と，s に対して可能なすべての回転と反転の操作 C_i の集合 G

$$(C_0, C_2, \ldots, C_{4n-1}) \in G$$

を考える．図 4.7 の八角形の各々のグラフは，C_i の操作に対してそれ特有の変化を示す．ここでは 5 つの八角形しか図示していないが，これらが対称操作による変化のすべての可能な場合を尽くしている．

S の部分集合として，G 中のすべての操作に対してよく似た変化を示すグラフの集合 H を定義し，

$$(a, b, \ldots, h) \in H,$$

これを同値類と呼ぶ．こうしたグラフ $(a, b, \ldots, h)$ を，同じグラフと見なす事にする．（図 4.7 の $D(4)$ の各々のグラフの背後には，それに対応する同値類が存在している．）こうした同値類が，n 本の点線のついた可能な全 $2n$ 角形を構成する．我々が関心を持つ (4.14) の不等式の両端に現れる $D(n)$ とは，この異なる同値類の数である．

(2) 1 つの同値類 H に注目し，G がいかに同値類 H の各要素に対して作用するかに従って，G 中のすべての操作を分類する事が出来る．すなわち，G は a を a に変え，a を b に変え，$\cdots$，そして a を h に変える操作から成る．s を同じ同値類に属するもう 1 つの図形に変える様な操作の数 $\eta(s)$ を定義しよう．H の各々の図形は $\eta(s)$ 個のその様な操作を持っているので，すべての操作の数 $|G|$ は

$$(H\ \text{中の図形の数}) \times \eta(a) = |G| \tag{4.36}$$

と表される．同様な議論が H の他の図形についても成り立つので，

$$\eta(a) = \eta(b) = \cdots = \eta(h) = \frac{|G|}{(H\ \text{中の図形の数})}, \tag{4.37}$$

が得られる．その結果

$$\sum_{s \in H} \eta(s) = |G| \tag{4.38}$$

となる．この方程式をすべての同値類について足し合わせると

$$\sum_{s \in S} \eta(s) = (\text{同値類の数})|G| = D(n)|G|, \tag{4.39}$$

を得る．故に

$$D(n) = \frac{1}{|G|} \sum_{s \in S} \eta(s) \tag{4.40}$$

が成り立つ*3)．

(3) 以下に述べる様に，(4.40) の $\sum_{s \in S} \eta(s)$ は，グラフになんの変化も与えない全操作の数である．S 中の任意の図形 s について，$s \to s$ の様に s に対して何の変化も与えない様な操作を考えよう．この操作の数 $\eta'(s)$ は，s を同じ同値類に属する他の図形に変える操作の数 $\eta(s)$ に等しい．

その理由は以下の様に考える事が出来る．$a, b \in H$ であるので，a を b に変える操作 π_x が少なくともひとつは存在する．a を a に変える操作 $(\pi_1, \ldots, \pi_{\eta'(s)})$ を仮定しよう．この場合，積 $(\pi_x \pi_1, \ldots, \pi_x \pi_{\eta'(s)})$ は，a を b に変える一連の操作である．それは元々 a を b に変える操作と同じである．なぜなら

(3a) $(\pi_x \pi_1, \ldots, \pi_x \pi_{\eta'(s)})$ の中のすべての操作はお互いに異なっている．もし．$\pi_x \pi_1 = \pi_x \pi_2$ ならば，それは $\pi_x^{-1}(\pi_x \pi_1) = \pi_x^{-1}(\pi_x \pi_2)$，すなわち $\pi_1 = \pi_2$ となり，仮定と矛盾する．

(3b) $(\pi_x \pi_1, \ldots, \pi_x \pi_{\eta'(s)})$ 以外には a を b に変える様な操作は存在しない．もしその様な操作 π_y があるならば，$\pi_x^{-1} \pi_y$ は a を変える事になる．故にこの $\pi_x^{-1} \pi_y$ は元の $(\pi_1, \ldots, \pi_{\eta'(s)})$ に属さねばならない．従って $\pi_x(\pi_x^{-1} \pi_y) = \pi_y$ は $(\pi_x \pi_1, \ldots, \pi_x \pi_{\eta'(s)})$ に属さねばならない．(3a) と (3b) より，$\eta'(s) = \eta(s)$ を得る．

(4) この何の変化も与えない操作の数は，また個々のグラフに注目して求める事が出来る．操作 C_i に対して不変であるグラフの数 $\phi(C_i)$ を定義しよう．その様な $\phi(C_i)$ のすべての操作 C_i についての和もまた，先に求めたグラフに何の変化も与えない全操作の数 $\sum_{s \in S} \eta'(s) = \sum_{s \in S} \eta(s)$ を与える．故に，$\sum_{C_i \in G} \phi(C_i) = \sum_{s \in S} \eta(s)$ へと導く．その結果

$$D(n) = \frac{1}{|G|} \sum_{C_i} \phi(C_i) \tag{4.41}$$

を得る．

---

*3) 組み合わせ数学では，同値類は軌道と呼ばれ，a を a に変える要素は固定点と呼ばれる．(4.40) は「軌道の数は，G の要素による固定点の数の平均に等しい」と述べている．

第 5 章
引力相互作用するフェルミ気体の統計力学

フェルミ粒子は真の意味での量子論的粒子である．何故ならフェルミ粒子は1つの状態には1つの粒子しか配置出来ないが，古典物理にはそうした性質を持つ粒子が存在しない．有限の体積に閉じ込められたフェルミ粒子を，エネルギーの低い状態から順番に1つずつ詰めていくと，最後にはフェルミ粒子は大きな運動エネルギー，金属中の電子の場合には1万度に相当する運動エネルギーを持つ．日常の温度で励起されるのは，金属中の全電子のうちの，最高のエネルギー準位のすぐ下にあるごく1部の電子だけである（フェルミ縮退）．このフェルミ縮退は，「金属の比熱が古典物理が予言する値よりはるかに小さい」という19世紀以来の謎を解決した．5.1節では，このフェルミ縮退を簡単に説明する．金属内での最も高いエネルギー（フェルミエネルギー ϵ_F）に近い値を持つフェルミ粒子の間に引力が働くならば，たとえそれが無限に弱くとも，このフェルミ縮退した状態は不安定になり，2つのフェルミ粒子から成るクーパー対が生まれる．5.2節ではL.C.クーパーによるこの発見を説明する．これにより，クーパー対が ϵ_F の近くで安定に存在する為の，新しい基底状態とその励起状態を求める，という課題が生まれた．5.3節では，この基底状態を変分法により求めるBCS理論を説明する．このBCS基底状態は，超伝導のほとんどの性質を説明する画期的な状態であった．ただこの変分法は，統計力学の標準的な方法，すなわち相互作用を含んだ大分配関数を摂動論的に計算し，それより系の性質を求めるという手順に従っている訳ではない．5.4節ではBCS理論をこの標準的な方法に従って書き直した，ゴーダンとランガーによるもう1つの定式化を説明する．この理論では，超伝導状態を表す大分配関数が摂動論的に求まる．この定式化は元来のBCS理論に比べると必ずしも実用的ではないが，温度の低下とともにコヒーレントな多体波動関数が運動量空間で多数の粒子を巻き込んでいく様子を，大分配関数の具体的な形から直感的に捉える事を可能にする．この引力の働くフェルミ粒子系のコヒーレントな多体波動関数の変化を，3.3節で調べた理想ボース気体の多体波動関数の座標空間での変化と比較すれば，ボース統計とフェルミ統計の違いについての深い理解へと繋がるであろう．

5.1 フェルミ縮退

金属中の電子の集団は，フェルミ統計に従う典型的な量子気体である．歴史的には，この金属中の電子の理論は，19 世紀に古典気体の運動論を手本にして作られた．しかし当然ながら，この様な古典理論では説明のつかない謎が，当時からいくつか知られていた．金属中には莫大な数の伝導電子が存在するが，その割には金属の比熱は異常な程に小さいのである．この逆説は古典物理における最も深刻な謎の 1 つであった．しかし量子力学が生まれて「最も高いエネルギー（フェルミエネルギー）近くの状態にある電子を除けば，ほとんどすべての電子が不活性な状態に縮退している」事が明らかになり，この謎はフェルミ統計の性質の結果として解決された．伝導電子のうちのわずかな部分だけが金属の比熱に寄与する．これをフェルミ縮退と呼ぶ．

高温 ($T > 10^4$ K) では，金属中の電子は古典粒子の様に振る舞う．温度を下げていくと，電子の熱波長 $\lambda = h/\sqrt{2\pi m k_B T}$ は伝導電子の間の平均的な距離 $(V/N)^{1/3}$ に近づき，両者の値がほぼ等しくなる温度に達すると，フェルミ統計が電子のエネルギー分布に大きな影響を与える．

金属中の電子は，その第 1 近似としては独立電子の描像で記述される．N 個の電子の波動関数は，その粒子の入れ替えに対して反対称である．それは以下の様なスレーター行列式で表される[*1)]．

$$
\begin{vmatrix}
\phi_{k_1}(r_1) & \phi_{k_1}(r_2) & \ldots & \phi_{k_1}(r_N) \\
\phi_{k_2}(r_1) & \phi_{k_2}(r_2) & \ldots & \phi_{k_2}(r_N) \\
\multicolumn{4}{c}{\cdots\cdots\cdots\cdots\cdots\cdots\cdots\cdots} \\
\phi_{k_N}(r_1) & \phi_{k_N}(r_2) & \ldots & \phi_{k_N}(r_N),
\end{vmatrix}.
$$

ここで $\phi_k(r)$ は 1 個の電子の波動関数を表す．もし同じ波動関数が異なる電子に現れたなら，この行列式は自動的に零となり，2 つの電子が同じ状態を占める事は禁止される．N 個の電子の基底状態は，電子をエネルギー準位の下から順に 1 つずつフェルミエネルギー ϵ_F まで埋めた状態である．多電子系の電子の密度とは，座標空間での示強変数である．この多電子系で起きる現象を記述するには，むしろ幾何的な描像を頭に描き易い示量変数を用いる方が便利である．この目的で，フェルミ波数 k_F という運動量空間での示量変数を用いる．

フェルミ粒子系の熱励起は，フェルミ面のすぐ上の k_BT 程度の領域で起きる．従って，全電子のうちの k_BT/ϵ_F 程度が，フェルミ準位 ϵ_F のすぐ上の

---

*1) $1/\sqrt{N!}$ による規格化が必要である．

$0 < \epsilon < k_B T$ 程度の領域に励起される．そのエネルギーを粗く見積もると

$$E \simeq E_0 + N\left(\frac{k_B T}{\epsilon_F}\right) k_B T = E_0 + N\frac{k_B^2}{\epsilon_F} T^2 \tag{5.1}$$

である．それに応じて比熱 $C = dE/dT$ は

$$C \simeq \left(\frac{N k_B^2}{\epsilon_F}\right) T, \tag{5.2}$$

エントロピー $\int C(T)/T dT$ は

$$S \simeq \left(\frac{N k_B^2}{\epsilon_F}\right) T \tag{5.3}$$

となる．(5.2) の分母に ϵ_F が存在する為に，金属の比熱は異常に小さい．これが 19 世紀には謎であった事実を説明する．

5.1.1 理想フェルミ気体の化学ポテンシャル

フェルミ粒子は同じ状態を占める事を避ける．これを座標空間で言えば，フェルミ粒子は互いに接近を避けるという固有の性質を持っている．化学ポテンシャル μ は粒子系の逃散する程度を表す概念であるが，フェルミ粒子系の化学ポテンシャル μ_F は当然ながら正の量である．$T = 0$ K において 0 から ϵ_F までのエネルギー準位を占める全電子数 N は，状態密度を $D(\epsilon)$ で表すと

$$\int_0^{\epsilon_F} D(\epsilon) d\epsilon = N, \tag{5.4}$$

で与えられる．運動エネルギー $\epsilon = p^2/(2m)$ を持つ自由電子では，$D(\epsilon)$ は

$$D(\epsilon) = 2 \cdot \frac{V}{h^3} 4\pi p^2 \frac{dp}{d\epsilon} = 4\pi V \left(\frac{2m}{h^2}\right)^{3/2} \sqrt{\epsilon}, \tag{5.5}$$

で与えられるので，(5.4) より

$$\epsilon_F = \frac{h^2}{2m}\left(\frac{3N}{8\pi V}\right)^{2/3} \tag{5.6}$$

となる．$T \neq 0$ K では，(5.4) は

$$\int_0^{\infty} D(\epsilon) f_F(\epsilon) d\epsilon = N, \tag{5.7}$$

で置き換えられる．ここで $f_F(\epsilon)$ はフェルミ分布関数 $1/(1 + e^{\beta(\epsilon - \mu_F)})$ である．この $\mu_F(T)$ は有限温度のフェルミエネルギー ϵ_F である．

この μ_F の温度変化を調べよう．$\epsilon = \mu_F(T)$ の近くでは，$D(\epsilon)$ は滑らかな関数であるが，$f_F(\epsilon)$ は階段関数の形をしている．故に $df_F(\epsilon)/d\epsilon$ は $\epsilon \simeq \mu_F$ では δ 関数の様な形になる．(5.7) の左辺に部分積分を行って $df_F(\epsilon)/d\epsilon$ を含む様に

$$\int_0^\infty D(\epsilon) f_F(\epsilon) d\epsilon = \left[\int_0^\epsilon D(\epsilon') d\epsilon' \times f_F(\epsilon) \right]_0^\infty$$
$$- \int_0^\infty \int_0^\epsilon D(\epsilon') d\epsilon' \times \frac{df_F(\epsilon)}{d\epsilon} d\epsilon \tag{5.8}$$

と書き換えると，右辺の第 1 項は消えるが第 2 項は残る．そこに $df_F(\epsilon)/d\epsilon \simeq -\delta(\epsilon - \mu_F)$ を考慮すると，$D(\epsilon')$ については 0 から μ_F 近くの上端までの積分が重要になる．$D(\epsilon')$ の積分をその上端について

$$\int_0^\epsilon D(\epsilon') d\epsilon' = \int_0^{\mu_F} D(\epsilon) d\epsilon + D(\mu_F)(\epsilon - \mu_F) + \frac{1}{2} D'(\mu_F)(\epsilon - \mu_F)^2 + \cdots \tag{5.9}$$

と近似出来る．これと $f_F(\epsilon) = 1/(\exp \beta(\epsilon - \mu_F) + 1)$ を，(5.8) の右辺第 2 項に代入して ϵ について積分すると，ϵ の偶数次の項のみが残り，(5.8) は

$$N = \int_0^\infty D(\epsilon) f_F(\epsilon) d\epsilon = \int_0^{\mu_F} D(\epsilon) d\epsilon + \frac{(\pi k_B T)^2}{6} D'(\mu_F) + \cdots \tag{5.10}$$

となる．この左辺の N に (5.6) を用い，右辺の $D(\epsilon)$ に (5.5) を用いて積分すると，

$$\epsilon_F^{3/2} = \mu_F(T)^{3/2} + \frac{\pi^2}{8} (k_B T)^2 \frac{1}{\sqrt{\mu_F(T)}} + \cdots \tag{5.11}$$

を得る．$\mu_F(T)$ は ϵ_F に極めて近いので，右辺第 2 項の根号中の $\mu_F(T)$ を ϵ_F に置き換えると，$\mu_F(T)$ の第 1 近似として

$$\mu_F(T) = \epsilon_F \left[1 - \frac{\pi^2}{12} \left(\frac{k_B T}{\epsilon_F} \right)^2 \right] \tag{5.12}$$

を得る．$k_B T \ll \epsilon_F$ であるから，理想フェルミ粒子系の $\mu_F(T)$ は，温度が上がるにつれて少しだけ ϵ_F より減少する．この理想フェルミ気体の $\mu_F(T)$ は，(3.62) で見た理想ボース気体の $\mu(T)$

$$\mu(T) = -\left(\frac{g_{3/2}(1)}{2\sqrt{\pi}} \right)^2 k_B T \left(\frac{T - T_0}{T} \right)^2, \tag{5.13}$$

が温度が上がるにつれて零より急激に減少するのとは対照的である．

5.1.2　座標空間でのフェルミ統計

3.3 節では座標空間 $(x_1, \ldots, x_N)$ でのボース統計を考えたが，これと比較する為に座標空間での理想フェルミ気体の $Z_0(\mu)$ を考えよう．N 個のフェルミ粒子系の分配関数は

$$Z_0(N) = \frac{1}{N!} \left(\frac{m}{2\pi\beta\hbar^2} \right)^{3N/2} \int \sum_{per} \exp \left[-\frac{m}{2\beta\hbar^2} \sum_i^N (x_i - P x_i)^2 \right] d^N x_i \tag{5.14}$$

である．ここで P は図 3.5 に描いた様に「入れ替え操作」を表す．ボース統計では，大きさ s の多角形からの寄与は

$$\int \exp\left[-\frac{m}{2\beta\hbar^2}(x_{12}^2+\cdots+x_{s1}^2)\right] d^s x_i \equiv L_s, \tag{5.15}$$

であった．しかしフェルミ統計では，個々の入れ替え操作に負の符号を伴うので，大きさ s のコヒーレントな波動関数の $Z_0(\mu)$ への寄与 L_s は，$\widehat{L}_s=(-1)^s L_s$ と置換えねばならない．その為に (3.92) の代わりに

$$\widehat{L}_s=(-1)^s V\left(\lambda^{3s}+\frac{1}{2}\lambda^{3(s-1)}\frac{V}{s^{3/2}}\right), \tag{5.16}$$

を考える．(3.93) から (3.98) への操作と同じ手順により，大分配関数

$$Z_0(\mu)=\prod_s \exp\left[\frac{\widehat{L}_s}{s}\left(\frac{e^{\beta\mu}}{\lambda^3}\right)^s\right], \tag{5.17}$$

を得る．これに $\widehat{L}_s$ を代入すると

$$Z_0(\mu)=\exp\left[V\sum_{s=1}^{\infty}\left(\frac{(-e^{\beta\mu})^s}{s}+\frac{V}{2\lambda^3}\frac{(-e^{\beta\mu})^s}{s^{5/2}}\right)\right] \tag{5.18}$$

となる．指数部の第 1 項と第 2 項は，それぞれ $p=0$ と $p\neq 0$ から生じる．この $-e^{\beta\mu}=z$ についての展開を (3.99) と (3.100) を用いて変換し，

$$Z_0(\mu)=\exp\left[-V\sum_p \ln(1+ze^{-\beta\epsilon_p})\right] \tag{5.19}$$

を得る．これはフェルミ統計での $Z_0(\mu)=\prod(1+e^{-\beta(\epsilon_p-\mu)})^{-1}$ である．

ボース統計の場合には (3.98) はコヒーレントな多体波動関数の大きさの分布を表していた．(5.18) の指数部は一見したところ，これと同じ様に見える．しかしフェルミ粒子の場合，それは $(-1)^s$ に比例し，大きさ s が奇数か偶数かによってその符号が振動する．従ってフェルミ統計の場合には，多体波動関数の大きさの分布が，理想フェルミ気体の $Z_0(\mu)$ の指数部に現れるという解釈には無理がある．物理的に言えば，フェルミ統計に従ったままでは，コヒーレントな多体波動関数は，巨視的な大きさにまで成長する事が出来ない．理想フェルミ気体をより現実的にして，クーロン相互作用を導入しても，その斥力は様々な磁気的性質を生み出しはするが，この多体波動関数の性格は変らない．第 3 章で見た様に，理想ボース気体では，ゼロ運動量の粒子からなる多体波動関数のサイズ分布 $h(s)=\exp(\beta\mu s)$ は，巨視的な s でも有限な値を持つ．フェルミ気体の性質はこれとは著しく対照的である．しかし，低温のフェルミ粒子に引力が働くなら，準ボース統計に従うクーパー対が現れて，巨視的な大きさのコヒーレントな多体波動関数が出現し超伝導状態になる．5.3 節で BCS 理論を概観した後で，5.4 節では，このクーパー対が生じる事により，フェルミ系でもコヒーレントな多体波動関数が成長する様子を，大分配関数を

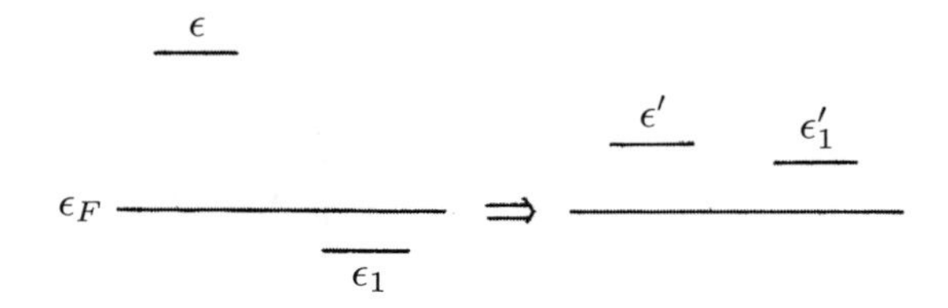

図 5.1　フェルミ面の上と下の 2 つの電子はフェルミ面より上の他の 2 つの状態に変化する．

通して論じ，ボース系と比較しよう．

5.1.3　フェルミ粒子系での励起

斥力相互作用するボース粒子系では，音響フォノン以外は低エネルギー励起が起こらない[42]．対照的に斥力相互作用するフェルミ粒子系では，基底状態から様々な低エネルギー励起が生じる．同時に，フェルミ粒子に特徴的な様々な散逸も起きる．

しかしこうした散逸にも拘わらず，フェルミ面付近での電子系の励起は，フェルミ統計のおかげで 1 粒子励起としての性質を保っている．図 5.1 の左に示した様な絶対零度に近い状況を考えよう．そこでは 1 つの電子だけがフェルミ面より上 $(\epsilon > 0)$ に励起され，他の電子は ϵ_F 以下 $(\epsilon_1 < 0)$ に留まっている．励起された電子が ϵ_F 以下の他の電子とぶつかれば，ともに ϵ_F より上の状態 $(\epsilon' > 0$ と $\epsilon'_1 > 0)$ へと散乱される．この散乱では，エネルギーが保存され

$$\epsilon + \epsilon_1 = \epsilon' + \epsilon'_1 \qquad (> 0) \tag{5.20}$$

とする．フェルミ統計はこの散乱に以下の様な制約を課す．

(1) 図 5.1 に示す様に，正の ϵ と負の ϵ_1 については，$\epsilon + \epsilon_1 > 0$ なので，$|\epsilon_1| < \epsilon$ を得る．つまり散乱の相手となる ϵ_1 の電子は，散乱の前には ϵ の電子よりも ϵ_F により近い準位を占めている．

(2) $\epsilon'_1 > 0$ であるので，(5.20) において不等式 $\epsilon > \epsilon + \epsilon_1 > \epsilon'$ が成り立つ．つまり最初に励起された電子は，散乱により元の状態 ϵ よりもフェルミ面に近い状態 $(\epsilon' > 0)$ に行き着く $(\epsilon > \epsilon')$．

要約すると，フェルミ面近くのエネルギー ϵ の電子が散乱されるに際して，相手の電子への制限 $|\epsilon_1| < \epsilon$ と，散乱後の自分の状態への制限 $\epsilon' < \epsilon$ がある．散乱の確率 P は，前後に取りうる状態の範囲に比例するとして $P \propto \epsilon^2$ 程度であるが，上の制限によりフェルミ面近くの電子 $(\epsilon \simeq 0)$ の散乱は厳しく制限される．ϵ_F より上のフェルミ粒子の熱励起のエネルギーは，k_BT の程度であるので，$P \propto T^2$ となる．その結果，低温では電子の散乱は抑制され，励起され

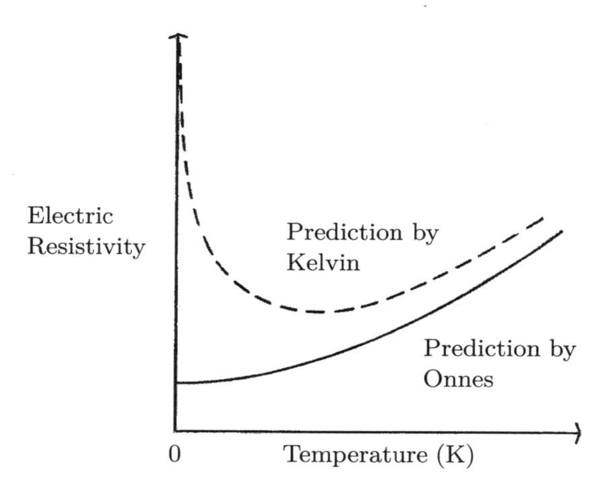

図 5.2　低温での金属の比熱について 19 世紀に抱かれた 2 つの予想.

た電子は弱く相互作用する希薄な気体と見なせる．温度 T での電子の平均緩和時間 τ は

$$\frac{1}{\tau(T)} \propto P \propto T^2 \tag{5.21}$$

の程度である．低温の金属では，散乱の緩和時間 τ が長くなり，電子の 1 粒子的な描像が保たれる．

日常の生活では，我々は自分の眼で直接に電子を見る事は出来ないにも拘わらず，その存在を電気伝導などを通じて現実に体験している．金属の電気抵抗は，様々な種類の散乱（格子の振動や不純物による非弾性散乱など）より生じている．室温でも金属を冷すと，電気抵抗が減少する事を容易に観察出来る．散乱の原因になる格子の振動は，低い温度になると減少するので，この傾向を低温側に外挿すると電気抵抗は図 5.2 に実線で示した様に零に近づくと予想される．しかしすべての金属には不純物の影響がつきまとうので，零ではない電気抵抗が極低温まで残る．19 世紀にはこの様な予想がカマリン・オンネスを含む多くの実験家により支持されていた．しかし，この点については異なる予想も存在した．19 世紀の指導的な物理学者を含む何人かの人々は，零度ではすべての熱運動は止まるのだから，伝導電子もまた静止するであろうと予想した．これは図 5.2 に点線で示した様に，電気抵抗が $T \to 0$ となるにつれて発散する事を意味している．

この 2 つは全く正反対の予想である．しかし量子力学を知らなかった 19 世紀の物理学者には，どちらが正しい予想であるかを自信を持って断言する事は難しかった．今日では我々は量子力学を知っているので，最初の予想が正しい

と答える事が出来る．しかし実際のところ実験家が 1911 年に見つけた事実は，この予想をはるかに超えていた．水銀の電気抵抗は，絶対零度には近いが有限の温度 (4.2 K) で，突然にかつ厳密に零になったのである．

5.2 クーパー不安定性

超伝導は 1911 年にライデン大学でカマリン・オンネスのグループにより発見された．この不思議な現象に対して F. ロンドンは，これは「ボース統計が巨視的な規模でその姿を表した現象」であると強調した．この主張に従えば，「フェルミ粒子である 2 つの電子が，ボース統計に従う複合粒子を作った」と想像出来る．粒子を結合させるには引力が必要であるが，電子の様に質量の小さな粒子の場合でも，引力が働けば常に結合する訳ではない．何故なら粒子が結合すると引力によるポテンシャルエネルギーは減るが，局在した事により不確定性原理の為に運動エネルギーが増加し，質量の小さな粒子は激しく運動を始めるからである．

5.2.1 真空中の 2 つの電子

真空中の 2 つの電子が，ポテンシャル $U(\boldsymbol{r})$ で表される引力の為に束縛状態を作るとしよう．シュレーディンガー方程式

$$\left[-\frac{\hbar^2}{2m}\Delta + U(\boldsymbol{r})\right]\phi(\boldsymbol{r}) = E\phi(\boldsymbol{r}) \tag{5.22}$$

において，$\boldsymbol{r}$ は 2 電子の相対座標であり $E<0$ とする．$\phi(\boldsymbol{r}) = \sum_k \phi_k e^{ik}$ を用いて運動量空間で上式を表すと

$$(2\epsilon_k - E)\phi_k + \sum_{k'} \langle k'|U|k\rangle \phi_{k'} = 0 \tag{5.23}$$

が得られる．この引力は，波数が $0<k<k_c$ を満たす長い距離では，負の定数 $\langle k'|U|k\rangle = U_a < 0$ であり，その他は零であると単純化する．

(5.23) の両辺に $(2\epsilon_k - E)^{-1}$ を掛けて，k について $0<k<k_c$ で和を取ると

$$\left[1 + U_a \sum_{0<k<k_c} \frac{1}{2\epsilon_k - E}\right] \sum_{k'} \phi_{k'} = 0 \tag{5.24}$$

を得る．$\phi(\boldsymbol{r}=\boldsymbol{0}) = \sum_k \phi_k \neq 0$ を満たす固有状態のエネルギー E は

$$\sum_{0<k<k_c} \frac{1}{2\epsilon_k - E} = -\frac{1}{U_a} \tag{5.25}$$

を満たさねばならない．この k についての和を，以下の様に積分に直す事が出来る．

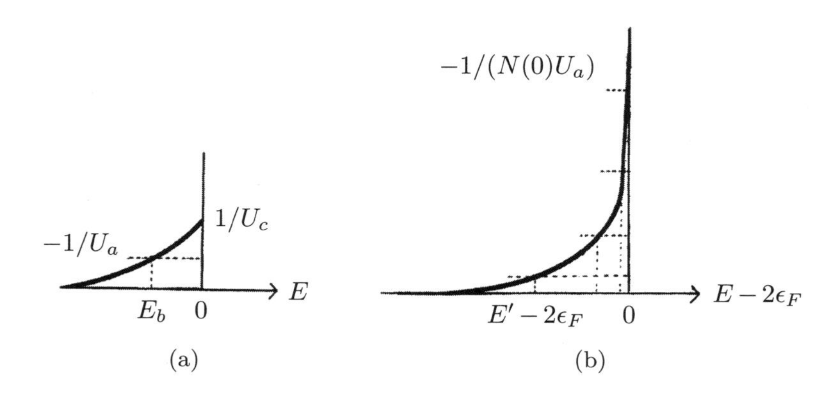

図 5.3 (a) (5.26) 中の積分のエネルギー依存性．E_b は真空中の 2 電子の束縛状態の位置を表す．(b) (5.38) 中の積分のエネルギー依存性．$E'-2\epsilon_F$ は金属中の位置を表す．

$$\frac{m^{-3/2}}{\sqrt{2}\pi^3\hbar^3}\int_0^{\epsilon_c}\frac{\sqrt{\epsilon}}{2\epsilon-E}d\epsilon=-\frac{1}{U_a}. \tag{5.26}$$

真空中では，波数 k の自由電子の状態密度は，半径 k の球の表面積に比例する．(5.25) の和を積分に直すのに $4\pi k^2dk$ が必要であるが，この変数を k から $\epsilon=(\hbar^2/2m)k^2$ に変えると，(5.26) の様に $\sqrt{\epsilon}d\epsilon$ が現れる．ここで $\epsilon_c=(\hbar^2/2m)k_c^2$ である．これを E の方程式として，その解を考えよう．左辺は $E<0$ では E の増加関数であるが，これを図 5.3(a) に模式的に図示する．この被積分関数の分子に $\sqrt{\epsilon}$ がある為に，ϵ についての積分は $E=0$ で発散せずに有限の値を取る．この左辺の $E=0$ での値を $1/U_c$ と表そう．右辺の $-1/U_a$ がこの $1/U_c$ よりも小さい時，即ち $|U_a|>U_c$ の時のみ (5.26) は解 E_b を持つ．真空中で 2 つの電子が結合するには，引力相互作用の強さ $|U_a|$ が，閾値 U_c を超えねばならない．

5.2.2 金属中の引力相互作用

金属中の電子では，この状況は大きく異なる．金属には電子だけではなくイオンの格子も存在する．イオンは電子よりもはるかに質量が大きいので，古典物理の世界では電子の運動がイオンの運動に影響を与えるとは考えにくいが，量子力学の世界ではその影響は無視出来ない．電子とイオンは反対符号の電荷を持つので，電子がイオンに近づくと両者は互いに少し引き合う．そこにもう 1 つの電子がこの場所に近づくならば，質量の大きなイオンの変位はまだ完全には元に戻っていないので，イオンからなる媒質は局所的には完全に電気的中性ではなく，もう 1 つの電子はまだそこに残る正電荷の分布を感じる事になる．その結果として，最初に来た電子と 2 番目の電子の間に実効的な引力が生じる．

励起可能な電子はフェルミ面付近に限られるので，ここからは $\epsilon_p - \epsilon_F$ を新たに ϵ_p と定義しフェルミ面の上下に注目する．以下の様な電子格子系を考えよう．

$$
\begin{aligned}
H_0 &= \sum_p \epsilon_p f^\dagger_{p,\sigma} f_{p,\sigma} + \sum_q \hbar\omega_q b^\dagger_q b_q, \\
H_{\rm ep} &= -U_{\rm ep} \sum_{p,p',q} f^\dagger_{p+q,\sigma} f_{p,\sigma'} (b_q + b^\dagger_{-q}),
\end{aligned}
\tag{5.27}
$$

ここで $f_{p,\sigma}$ と b_q は伝導電子とフォノンの消滅演算子を表す．電子が運動量 $\boldsymbol{q}$ のフォノンを吸収するか，または運動量 $-\boldsymbol{q}$ のフォノンを放出するかして，その運動量を $\boldsymbol{p}$ から $\boldsymbol{p}+\boldsymbol{q}$ へと変えたとしよう．個々の電子は大きな運動エネルギーを持つが，その運動状態の変化はフェルミ面に近くではイオンの振動と同程度にゆっくりとしており，その変化の速度は $\epsilon(p+q) - \epsilon(p)$ に比例する．フォノンの特徴的な振動数を ω_0 とすると，電子の運動のゆっくりとした変化に対してイオンがそれより速く応答する為には，$|\epsilon(p+q) - \epsilon(p)| < \hbar\omega_0$ でなくてはならない．ここに，先に述べた実効的な引力が電子間に生じる可能性が生まれる．

この直観的な描像を，2 次の摂動論を用いて定式化しよう．電子格子系のシュレーディンガー方程式

$$
(H_0 + H_{\rm ep})\Phi = E\Phi, \tag{5.28}
$$

において，被摂動状態として

(1) フォノンのない $H_0\Phi_i = E_i\Phi_i$ を満たす電子の基底状態 Φ_i と，

(2) $H_0\widehat{\Phi}_n = W_n\widehat{\Phi}_n$ を満たす，電子以外に 1 フォノンが励起した状態 $\widehat{\Phi}_n$ を考える．ここで $\widehat{\Phi}_n$ は，Φ_i と直交している．この 2 つの状態を用いて (5.28) を満たす Φ を，

$$
\Phi = \sum_i c_i \Phi_i + \sum_n d_n \widehat{\Phi}_n, \tag{5.29}
$$

の和に展開する．これを (5.28) に代入し電子間の有効相互作用 $H_{\rm eff}$ を求めよう．(5.29) を $(E - H_0)\Phi = H_{\rm ep}\Phi$ の両辺に代入し，左から Φ_i で挟んだ期待値を取れば，

$$
(E - E_i)c_i = \sum_n \langle \Phi_i | H_{\rm ep} | \widehat{\Phi}_n \rangle d_n, \tag{5.30}
$$

となる．また $\widehat{\Phi}_i$ で挟んだ期待値を取れば

$$(E - W_i)d_i = \sum_n \langle \widehat{\Phi}_i | H_{\rm ep} | \Phi_n \rangle c_n, \tag{5.31}$$

を得る．(5.31) の左辺の d_i を (5.30) の右辺に代入して (5.30) から d_i を消した後で，

$$\widehat{\Phi}_i \frac{1}{E - W_i} \widehat{\Phi}_n = \frac{1}{E - H_0}, \tag{5.32}$$

を用いると，電子の振幅 c_i を決める式として

$$(E - E_i)c_i = \sum_n \langle \Phi_i | H_{\rm ep} \frac{1}{E - H_0} H_{\rm ep} | \Phi_n \rangle c_n, \tag{5.33}$$

を得る．$(E - H_0)\Phi = H_{\rm ep}\Phi$ に電子のみの基底状態 $\Phi = \sum_n c_n \Phi_n$ を代入し，左から Φ_i で挟んだ式と，(5.33) を比べると，フォノンにより媒介される電子間の有効相互作用 $H_{\rm eff}$ として

$$H_{\rm eff} = H_{\rm ep} \frac{1}{E - H_0} H_{\rm ep} \tag{5.34}$$

を得る．

(5.33) で $H_{\rm eff}$ の代わりに $H_{\rm ep}$ そのものならば，電子格子相互作用 $H_{\rm ep}$ はフォノンのない状態間について $\langle \Phi_i | H_{\rm ep} | \Phi_n \rangle = 0$ である．しかし $\langle \Phi_i | H_{\rm eff} | \Phi_n \rangle$ には 2 つの $H_{\rm ep}$ が存在し，(5.33) の右辺は零ではない．Φ_i と Φ_n はフォノンのない状態（フォノン真空）であるので，$H_{\rm ep}$ の具体的な形を (5.34) に入れた

$$\langle \Phi_i | f^\dagger_{k+q,\sigma} f_{k,\sigma'} (b_q + b^\dagger_{-q}) \frac{1}{E - H_0} f^\dagger_{p-q,\sigma} f_{p,\sigma'} (b_{-q} + b^\dagger_q) | \Phi_n \rangle, \tag{5.35}$$

がゼロでない為には，右側の $f^\dagger_{p-q} f_p b^\dagger_q \Phi_n$ は，左側の $\Phi_i f^\dagger_{k+q} f_k b_q$ とつながってなければならない．分数型の演算子 $1/(E - H_0)$ は，その右側に $f^\dagger_{p-q} f_p b^\dagger_q \Phi_n$ が現れ，かつその左側に $\Phi_i f^\dagger_{k+q} f_k b_q$ が現れる場合には，電子間に以下の様な有効相互作用

$$H_{\rm eff} = -\frac{U_{\rm ep}^2}{2V} \sum_{p,q,k} \left[\frac{1}{\hbar\omega_0 - \epsilon(p-q) + \epsilon(p)} + \frac{1}{\hbar\omega_0 + \epsilon(k+q) - \epsilon(k)} \right] \times f^\dagger_{p-q,\sigma} f^\dagger_{k+q,\sigma'} f_{k,\sigma'} f_{p,\sigma} \tag{5.36}$$

を生み出す（ここで一般には $\Phi_i \neq \Phi_n$ なので $p \neq k$ である）．不等式 $|\epsilon(p-q) - \epsilon(p)| < \hbar\omega_0$ と $|\epsilon(k+q) - \epsilon(k)| < \hbar\omega_0$ が成り立つ時には，$H_{\rm eff}$ の係数が負になる，つまりフェルミ準位から励起した電子のエネルギー差が，フォノンのエネルギーよりも小さい時，電子の間に引力が生まれる．この結果は「電子の運動変化に対して，イオンが迅速に応答する時に引力を媒介する」という予想と合致している．この引力によるエネルギーの低下を，以下の様に見積もろう．1 電子当たりの低下は，フォノンの平均エネルギー $\hbar\omega_0$ の程度であり，それに寄与する電子の数は $N\hbar\omega_0/E_F$ の程度であろう．故にエネルギー

の低下は $N(\hbar\omega_0)^2/E_F = N(0)(\hbar\omega_0)^2$ の程度になる．（ここで $N(0)E_F \simeq N$ を用いた．）

歴史的には，1950 年にフレーリッヒが初めてフォノンを介した電子間の引力の可能性を指摘し，超伝導体の T_c とフォノンのデバイ振動数が相関している事を示唆した[50]．この予言は，超伝導体に同位元素を入れてフォノンのデバイ振動数を変えると，T_c が変化するという実験により確かめられた．この事実が，超伝導についての今日の理解へと導くきっかけになったのである．

5.2.3 金属中の 2 つの電子

フォノンを介した引力相互作用は，金属中の電子間の引力相互作用としては最も普遍的である．しかし高密度の多粒子系では，引力と斥力を明確に区別するのは難しい．狭い空間の中に 3 粒子が密集しているとしよう．第 1 の粒子と第 2 の粒子が互いに反発し，そして第 2 の粒子と第 3 の粒子もまた反発し合う時には，第 3 の粒子が実質的には第 1 の粒子に近づく事も起きる．この時にはフォノンを介さない引力が働き，電子の対形成も起こりうる．ここではこうした引力を生む様々な可能性には触れずに，ただフォノンを介した引力が働くとして話を進めよう．

金属中の伝導電子では，フェルミ面近くの電子 ($|\epsilon - \epsilon_F| < \epsilon_c$) のみが，その状態を変える事が出来る．先に述べたフォノンを介した引力 U_a (< 0) は，こうした電子にのみ働き得る．これを

$$\langle k'|U|k\rangle = \begin{cases} U_a & |\epsilon_k - \epsilon_F|, |\epsilon_{k'} - \epsilon_F| < \epsilon_c \\ 0 & \text{otherwise} \end{cases}$$

と表そう．金属中の 2 電子についてシュレーディンガー方程式 (5.23) を考え，その相互作用として上の $\langle k'|U|k\rangle$ を用いる．ここでは電子のエネルギーをフェルミエネルギーからの差 $\xi_k = \epsilon_k - \epsilon_F$ で表し，2 電子のエネルギー固有値を $E - 2\epsilon_F$ で表す．すると (5.25) の金属版は

$$\sum_{|\xi_k|<\epsilon_c} \frac{1}{2\xi_k - (E - 2\epsilon_F)} = -\frac{1}{U_a} \tag{5.37}$$

となる．この条件は (5.25) と一見似てはいるが，異なる解釈が必要である．和を積分に直した真空中の (5.26) では，$\epsilon = 0$ からの励起の状態密度は $\sqrt{\epsilon}$ に比例するが，金属中のフェルミエネルギー ϵ_F からの励起状態の密度は，$\xi_k = \epsilon_k - \epsilon_F = 0$ でも有限の値を持つ．フェルミ面近くでは電子は一定の状態密度 $N(0)$ を持つ仮定して，(5.37) の k についての和を以下の様に積分に置き換えよう．

$$N(0)\int_0^{\xi_c} \frac{d\xi}{2\xi - (E - 2\epsilon_F)} = -\frac{1}{U_a}. \tag{5.38}$$

(5.26) とは異なり被積分関数の分子に $\sqrt{\xi}$ が含まれていないので，$E - 2\epsilon_F$

の関数としてのこの積分は，図 5.3(b) に示す様に $E-2\epsilon_F=0$ で発散する．従って，たとえ無限に弱い引力 U_a のもとで，右辺の $-1/(N(0)U_a)$ が任意に大きくても，この $E-2\epsilon_F$ についての方程式 (5.38) は，図 5.3(b) に示す様に，負の解 $E'-2\epsilon_F<0$ を持つ．つまり引力が限りなく弱くても，$2\epsilon_F$ よりも低い全運動エネルギー E' を持つ 2 つの電子は，運動しながら対を作る．これをクーパー対と呼んでいる[51]．（この場合の束縛エネルギーは $\epsilon_b=|E-2\epsilon_F|$ となるが，これは相対運動しながら互いにゆるく束縛し合う状態である．）

この機構は，真空中の場合と以下の点で大きく異なる．フェルミ面近くで緩く束縛した電子の対が出来る時，その為に必要な引力の大きさには，閾値がない．つまりどの様に弱い引力であっても，クーパー対が生まれる．故にクーパー対とは金属で例外的に起きる特殊な現象ではなく，すべての金属に起こりうる普遍的な現象である．これをクーパー不安定性と呼んでいる．(5.38) の被積分関数に $\sqrt{\xi}$ がないのは，全電子 N のうちのおよそ $N^{2/3}$ 個程度の電子がフェルミ面上に存在した結果である．この $\sqrt{\xi}$ の不在が，(5.38) に負のエネルギーの解の存在を可能にした．つまり ϵ_F 以下の全電子のおかげで，ϵ_F 近くの電子が，ϵ_F よりもほんのわずかに低いエネルギーを持つ事が出来た．この意味では，クーパー不安定性とは，フェルミ面近くのほとんどすべての電子が協同した結果である．

このクーパー対の空間的な広がりは，次の様に見積もる事が出来る．金属中の伝導電子のシュレーディンガー方程式 (5.23) を，以下の様に書こう．

$$(2\xi_k+\epsilon_b)\phi_k+U_a\sum_{k'}\phi_{k'}=0. \tag{5.39}$$

ここでは (5.23) とは異なり，$\xi_k=\epsilon_k-\epsilon_F$ であり，クーパー対が出来た事による束縛エネルギーはフェルミ準位 ϵ_F からの差 $\epsilon_b=|E-2\epsilon_F|$ で表される．$\sum_{k'}\phi_{k'}$ を定数と見なして，この方程式を満たす ϕ_k を，$\phi_k\propto 1/(2\xi_k+\epsilon_b)$ の様に近似する．すると金属中の 2 電子のゆるい束縛状態の波動関数は

$$\phi(r_1-r_2)\propto\sum_{k_F<k}\frac{1}{2\xi_k+\epsilon_b}\exp(i\boldsymbol{k}\cdot[\boldsymbol{r_1}-\boldsymbol{r_2}]) \tag{5.40}$$

となる．実空間での分布の広がり δr と波数空間での広がり δk は，$\delta r\delta k\sim 1$ の関係にある．係数 $(2\xi_k+\epsilon_b)^{-1}$ は，図 5.4(a) に示す様な $2\xi_k$ の関数であるが，簡単の為に $0<2\xi_k<\epsilon_b$ でのみ零でない値を持つとしよう．$2\xi_k$ の ϵ_b だけの広がりを，$\xi_k=\hbar v_F(k-k_F)$ において波数 k の広がり δk に置き換える．すると k_F のまわりの k の幅は $\delta k\sim\epsilon_b/\hbar v_F$ 程度となる．故にその逆数

$$\delta r\simeq\frac{\hbar v_F}{\epsilon_b} \tag{5.41}$$

が，$\phi(r_1-r_2)$ の座標空間での広がりになる．電子は波数 k_F で細かく波打っているが，$\phi(r_1-r_2)$ の振幅は図 5.4(b) に点線で示す様に δr の長さで大きく

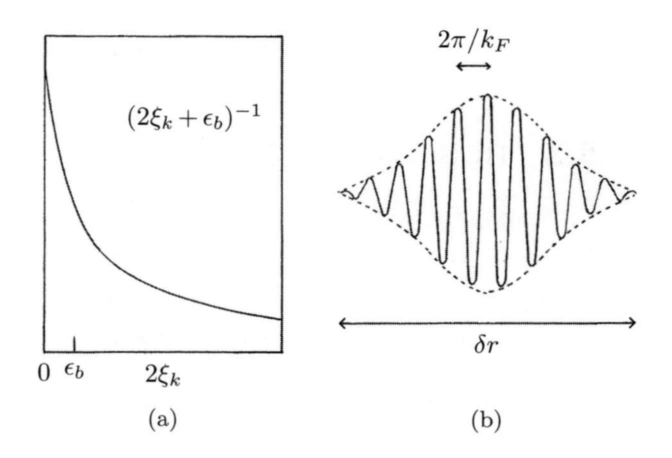

図 5.4 (a) $1/(2\xi_k+\epsilon_b)$ の形，(b) クーパー対の広がりと k_F での電子波の振動の模式的な図．実際は，この k_F 振動は，クーパー対の存在による変調よりもはるかに速い振動である．

波打つ．δr は金属中の伝導電子の平均距離よりも大きいので，1 つのクーパー対は他のクーパー対と重なり合い，絶えず電子を他のクーパー対と交換し合っている．（図 5.4(b) の関数形の具体的な形は，5.3.4 節で改めて議論する．）

クーパー対を作る電子がこの様に互いに入れ替わっている点は，強く結合して出来た分子とは対照的である．この特徴は複合演算子 $\widehat{B}_k \equiv f_{-k\downarrow}f_{k\uparrow}$ と $\widehat{B}_k^\dagger \equiv f_{k\uparrow}^\dagger f_{-k\downarrow}^\dagger$ の関係に現れる．$\widehat{B}_k$ を構成する演算子 f の反交換関係により，$\widehat{B}_k$ は $k \neq k'$ の時は次の交換関係

$$[\widehat{B}_k, \widehat{B}_{k'}^\dagger] = 0 \quad \text{for} \quad k \neq k', \tag{5.42}$$

を示し，2 つのクーパー対は，2 つの異なるボース粒子として振る舞う．しかし $k = k'$ の時は，以下の交換関係

$$[\widehat{B}_k, \widehat{B}_k^\dagger] = 1 - (n_{k,\uparrow} + n_{-k,\downarrow}), \tag{5.43}$$

と

$$\widehat{B}_k^2 = \widehat{B}_k^{\dagger 2} = 0 \tag{5.44}$$

を示す．(5.44) は同じ k を持つクーパー対がパウリ原理により現れない事を意味する．クーパー対を構成する電子が従うフェルミ統計の影響は，(5.43) の右辺に $n_{k,\uparrow} + n_{-k,\downarrow}$ が存在する点にも現れ，クーパー対は純粋のボース粒子とは異なる．しかし対の重心運動の自由度については，クーパー対はボース統計に

従い，そろった並進運動をして超伝導電流が実現する．この $\widehat{B}_k$ の示す統計的性質を「準ボース統計」と呼んで，本来のボース粒子が示すボース統計との類似性と共に，その異質性をも強調する事にしよう．

5.3 BCSによる変分理論

通常の金属では，フェルミ面上の 2 電子の間にいかに弱くとも引力が働くなら，クーパー対が生じてフェルミ面は不安定になる．次の課題はこのクーパー対が安定に存在する様な新しい基底状態を見つける事である．フォノンを介した引力相互作用を簡単の為に負の定数 U_a で表した全エネルギー

$$H = \sum_p \epsilon_p f_{p,\sigma}^\dagger f_{p,\sigma} + U_a \sum_{p,p',q} f_{p-q,\sigma}^\dagger f_{p'+q,\sigma'}^\dagger f_{p',\sigma'} f_{p,\sigma}, \quad (U_a < 0) \tag{5.45}$$

を持つ電子系を考えよう．超伝導状態とはこの全エネルギーの基底状態 Φ である．5.1 節で述べたスレーター行列式を Φ_n と表そう．ここで Φ_0 は $H_0 = \sum_p \epsilon_p f_{p,\sigma}^\dagger f_{p,\sigma}$ の基底状態であり，下から順にフェルミエネルギーまで電子が詰まっている．$n \neq 0$ の Φ_n はその励起状態であり，各々の Φ_n は同じ数の正孔と励起電子を含んでいる．上のハミルトニアンの固有状態を，Φ_n の重ね合わせ $\Phi = \sum_n c_n \Phi_n$ として表そう．フェルミ統計によれば，励起した電子を奇数回入れ替えると Φ_n はその符号を変え，偶数回入れ替えてもその符号を変えない．全エネルギー $H = H_0 + H_{it}$ の $\Phi = \sum_n c_n \Phi_n$ について期待値は

$$\langle \Phi | H | \Phi \rangle = \sum_n c_n^2 \langle \Phi_n | H_0 + H_{it} | \Phi_n \rangle + \sum_{n \neq n'} c_n c_{n'} \langle \Phi_n | H_{it} | \Phi_{n'} \rangle \tag{5.46}$$

である．この系の基底状態 Φ は，この期待値を極小化して求める．右辺の第 1 項では，H_{it} よりも H_0 の方が重要である．故に右辺の第 1 項は H_0 の基底状態 Φ_0 の時に極小値を持つ．

Φ に励起状態が混じると，第 1 項の運動エネルギーは高くなる．しかし第 2 項は，2 つの励起状態 Φ_n と $\Phi_{n'}$ $(n, n' \neq 0)$ の組み合わせによっては正にも負になる．励起状態が加わる事により第 1 項が大きくなっても，負の第 2 項がそれを打ち消すならば，重ね合わされた状態 $\sum_n c_n \Phi_n$ の方が，基底状態 Φ_0 よりも低い全エネルギー $H_0 + H_{it}$ を持つ可能性がある．それが実現する為には，$\sum c_n c_{n'} \langle \Phi_n | H_{it} | \Phi_{n'} \rangle$ の和を，（励起した電子を入れ替えて得られる）可能なすべての励起状態について取れば，それが負の値を持つ必要がある．フェルミ統計に従う Φ_n の係数 c_n は，励起した電子の奇数回の入れ替えに対してその符号を変え，偶数回の入れ替えに対してその符号を変えない．**すべての可能な励起状態 Φ_n では，奇数回と偶数回の入れ替えは同じ確率で起きるので，正と**

負の $c_n c_{n'}\langle\Phi_n|H_{it}|\Phi_{n'}\rangle$ は互いに打ち消し合い，$\sum c_n c_{n'}\langle\Phi_n|H_{it}|\Phi_{n'}\rangle$ は実質的には零である．

その様な打ち消し合いを避ける唯一の方法は，「許される励起状態は，電子を偶数回入れ替えた状態のみである」という制限を設ける事である[52]．金属中を動く 2 つの電子は無限に弱い引力の下でもクーパー対を作るという結果を考えると，この打ち消し合いを避ける可能性は以下の様に実現する．反対方向の運動量とスピンを持つ 2 つの電子が，弱い引力の下で常に同時に励起するならば，この系に起きる励起状態は励起した電子を常に偶数回入れ替えた状態で表され，c_n は常に正である．従ってこの励起状態による $\sum c_n c_{n'}\langle\Phi_n|H_{it}|\Phi_{n'}\rangle$ は，$U_a < 0$ より常に負になる．この時，全エネルギー $H = H_0 + H_{it}$ の値は H_0 の基底状態 Φ_0 での値よりも下がると期待される．しかし，もしその様な電子対（クーパー対）が，フェルミ準位よりもはるかに上に励起されるなら，その運動エネルギーの増加は，相互作用エネルギーの減少を上まわってしまうであろう．従ってこの対励起は，フェルミ準位前後の巾 $2\epsilon_c$ 程度の極めて狭いエネルギー領域で起きねばならない．

5.3.1 基底状態

フェルミ面近くでクーパー対が凝縮した状態として，バーデイーン，クーパー，シュリーファー (BCS)[53] は以下の様な基底状態

$$\Phi_{BCS} = \prod_k (u_k + v_k e^{i\theta} f^\dagger_{k\uparrow} f^\dagger_{-k\downarrow})|0\rangle \tag{5.47}$$

を提案した．ここで v_k は電子が対状態 $(k\uparrow, -k\downarrow)$ を占めている確率振幅を表し，u_k は占めていない確率振幅を表す．これらは $\langle\Phi_{BCS}|\Phi_{BCS}\rangle = 1$ となる様に $u_k^2 + v_k^2 = 1$ と規格化されている．ここで位相 θ を定義する．この Φ_{BCS} では，正常相の基底状態とは $k > k_F$ について $u_k = 1, v_k = 0$，$k < k_F$ について $u_k = 0, v_k = 1$ の場合である．正常相では零であるが，超伝導相では零でない量として考えられるのは，u_k と v_k の積よりなる $\sum_l u_l v_l$ である．この超伝導状態を特徴付ける秩序変数は，$\sum_l u_l v_l = \sum_l \langle\Phi_{BCS}|\widehat{B}_l|\Phi_{BCS}\rangle$ と表される．

この Φ_{BCS} は，異なる数の電子を持つ状態の重ね合わせの形をしている．もちろん孤立した金属中の電子は定まった質量と電荷を持つので，この様な重ね合わせは原理的には許されない．むしろこれは様々な物理量の期待値を，簡単かつ良い近似で計算する為の強力な近似方法として提案された．この計算技術上の工夫により，BCS 理論は長年の難問の突破口を開く事になった．(Φ_{BCS} のこの特徴は，量子光学での多光子状態とは大きく異なる．古典的な電磁場を表す光子のコヒーレント状態は，異なる数の光子の状態の重ね合わせである．光子は質量と電荷を持たないので，その様な重ね合わせは近似ではなく現実の物理状態を表す．この 2 つの状態は，一見すると似た特徴を持つけれども，そ

の物理的な意味は大きく異なる．）

引力相互作用 H_{it} の期待値を，BCS 基底状態 Φ_{BCS} を用いて評価しよう．通常の基底状態 Φ_0 を用いて評価した場合との違いは，H_{it} に以下の様な対相関

$$U_a \sum_{k,k',q} f^\dagger_{k-q\uparrow} f^\dagger_{k'+q\downarrow} f_{k'\downarrow} f_{k\uparrow} \Longrightarrow U_a \sum_{k,q} f^\dagger_{k+q\uparrow} f^\dagger_{-k-q\downarrow} f_{-k\downarrow} f_{k\uparrow} = U_a \sum_{k,q} \widehat{B}^\dagger_{k+q} \widehat{B}_k \tag{5.48}$$

が現れる点にある．ここで $\widehat{B}_k \equiv f_{-k\downarrow} f_{k\uparrow}$ である．故にその期待値として

$$\begin{aligned}\langle \Phi_{BCS}|H_{it}|\Phi_{BCS}\rangle &= U_a \sum_{k,l} \langle 0|(u_l + v_l e^{-i\theta}\widehat{B}_l)(u_k + v_k e^{-i\theta}\widehat{B}_k) \\ &\quad \times \widehat{B}^\dagger_k \widehat{B}_l (u_k + v_k e^{i\theta}\widehat{B}^\dagger_k)(u_l + v_l e^{i\theta}\widehat{B}^\dagger_l)|0\rangle \\ &= U_a \sum_{k,l} u_k v_k u_l v_l \end{aligned} \tag{5.49}$$

を得る．ここで全エネルギー $\langle \Phi_{BCS}|H_0 + H_{it}|\Phi_{BCS}\rangle$ を評価するのに平均場近似を用い，平均場として

$$\Delta = -U_a \sum_l u_l v_l \tag{5.50}$$

を定義すると，全エネルギー

$$\langle \Phi_{BCS}|H|\Phi_{BCS}\rangle = \sum_k \epsilon_k v_k^2 - \Delta \sum_k u_k v_k \tag{5.51}$$

を得る．ここで和は，フェルミ面の上下 $|\epsilon_k - \epsilon_F| < \epsilon_c$ の範囲内で取るとする．$u_k^2 + v_k^2 = 1$ を満たす為に，新しい変数 θ_k を $u_k = \sin\theta_k$，$v_k = \cos\theta_k$ の様に導入すると，

$$\langle \Phi_{BCS}|H|\Phi_{BCS}\rangle = \sum_k \epsilon_k \cos^2\theta_k - \Delta \sum_k \sin\theta_k \cos\theta_k \tag{5.52}$$

となる．θ_k についてこれの変分を行うと

$$\delta\langle \Phi_{BCS}|H|\Phi_{BCS}\rangle = -\sum_k [\epsilon_k \sin 2\theta_k + \Delta\cos 2\theta_k]\delta\theta_k = 0 \tag{5.53}$$

を得る．従って $\langle \Phi_{BCS}|H|\Phi_{BCS}\rangle$ の最少にする θ_k は

$$\tan 2\theta_k = -\frac{\Delta}{\epsilon_k} \tag{5.54}$$

を満たさねばならない．$\tan 2\theta_k = 2u_k v_k/(v_k^2 - u_k^2)$ と $u_k^2 + v_k^2 = 1$ を用いて，u_k と v_k が

$$u_k^2 = \frac{1}{2}\left(1 + \frac{\epsilon_k}{\sqrt{\epsilon_k^2 + \Delta^2}}\right), \qquad v_k^2 = \frac{1}{2}\left(1 - \frac{\epsilon_k}{\sqrt{\epsilon_k^2 + \Delta^2}}\right), \tag{5.55}$$

と求まる．(5.55) を $\Delta = -U_a \sum_l u_l v_l$ に代入すると，系の自己無撞着方程式として

$$1 = -U_a \sum_k \frac{1}{\sqrt{\epsilon_k^2 + \Delta^2}} \tag{5.56}$$

を得る．k についての和を ϵ についての積分で置き換えると，

$$1 = -N(0)U_a \int_0^{\epsilon_c} d\epsilon \frac{1}{\sqrt{\epsilon^2 + \Delta^2}}, \tag{5.57}$$

となる．積分を実行すると

$$\Delta = \frac{\epsilon_c}{\sinh\left(\dfrac{1}{N(0)|U_a|}\right)} \simeq 2\epsilon_c \exp\left(-\frac{1}{N(0)|U_a|}\right) \tag{5.58}$$

を得る．新しい基底状態と通常の基底状態のエネルギーの差は，(5.55) を (5.51) に用いて

$$E_s - E_n = N(0) \int_0^{\epsilon_c} d\epsilon \left[2\epsilon - 2\frac{\epsilon^2}{\sqrt{\epsilon^2 + \Delta^2}}\right] - \frac{\Delta^2}{|U_a|}, \tag{5.59}$$

と与えられ，書き直すと

$$E_s - E_n = N(0) \int_0^{\epsilon_c} d\epsilon \left[2\epsilon - 2\sqrt{\epsilon^2 + \Delta^2} + \frac{\Delta^2}{\sqrt{\epsilon^2 + \Delta^2}}\right], \tag{5.60}$$

となる．(5.60) の被積分関数の第 1 項と第 2 項は 1 粒子エネルギーの差を表し，第 3 項は相互作用に生じた変化である．(5.58) を用いると，より具体的に

$$\begin{aligned} E_s - E_n &= N(0)\epsilon_c^2 \left[1 - \sqrt{1 + 4\exp\left(-\frac{2}{N(0)|U_a|}\right)}\right] \\ &\simeq -2N(0)\epsilon_c^2 \exp\left(-\frac{2}{N(0)|U_a|}\right) < 0 \end{aligned} \tag{5.61}$$

を得る．図 5.5 に，(5.55) の u_k と v_k を用いて，BCS 基底状態 Φ_{BCS} のイメージを描いた．絶対零度の常伝導状態では，波数 k_F まで電子が詰まっているので，真空を表す振幅 u_k は $k < k_F$ ではゼロであるが，$k = k_F$ で 0 から 1 まで非連続的に跳ぶ．しかし絶対零度の BCS 基底状態では，この変化は k_F の近くで連続的に起こり，その常伝導状態との違いの程度は $\Delta = -U_a \sum_l u_l v_l$ で決まる．この量の大きさは，電子に引力が働くフェルミ面の上下の狭いエネルギー領域の幅 ϵ_c の程度であり，クーパー対あたり meV 程度で極めて小さい．これに対して，**対形成した状態が外部から摂動を受けても安定なのは，巨視的な数の電子対がコヒーレントな多体波動関数に参加するからである．外部から個々の電子に摂動を加えても，全体の対状態を壊さずに個々の電子対を変える事は出来ない．これを破壊するには巨視的なエネルギーが必要となるので，そこに超伝導状態を特徴付ける「堅さ」が生まれる．**

(1) 超伝導状態のエネルギーの低下 $E_s - E_n$ (5.61) の形は特異である．金

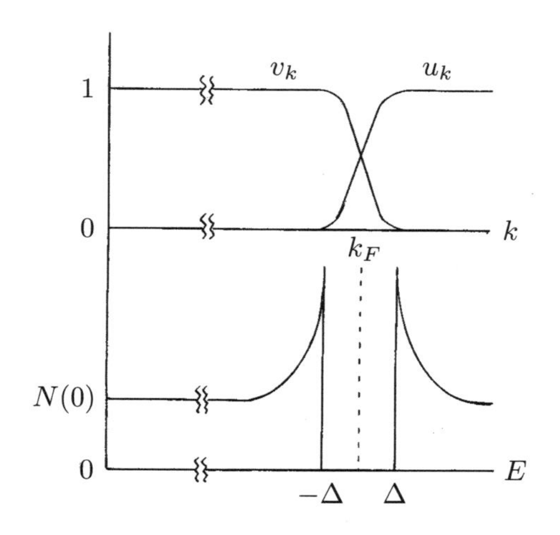

図 5.5 u_k と v_k の波数依存性と，フェルミ準位近くの電子の状態密度．

属中の $N(0)\epsilon_c$ 個の電子の各々が，ϵ_c 程度のエネルギーを失ったとすると，その全エネルギーの変化は，$N(0)\epsilon_c^2$ の程度である．(5.61) をこれと比べると，そこに指数関数 $\exp(-2/N(0)|U_a|)$ が存在する点が異なる．**BCS 理論以前の超伝導研究が遭遇した困難の 1 つに，出発点で想定する金属の物理量のエネルギースケールに比べて，実験で得られるエネルギーギャップに基づいて求めた $E_s - E_n$ が桁違いに小さいという点があった．**この違いを，不自然さを伴わずに説明するのは容易ではなかった．しかしこの $\exp(-2/N(0)|U_a|)$ という因子の存在がそれを可能にする．この $\exp(-2/N(0)|U_a|)$ は，「2 電子が集まって分子としてボース粒子になる」という素朴な描像を超伝導に適用しても，それを得る事が出来ない．これはむしろ「超伝導とは，2 電子が緩く拘束し合うクーパー対を作り，それが互いに重なり合う状態である」という描像から得られる．**この $\exp(-2/N(0)|U_a|)$ が自然に導かれる事は，クーパー対という描像の正しさを端的に示している．**

(2) この $\exp(-2/N(0)|U_a|))$ は $U_a = 0$ で発散する．つまり $U_a = 0$ の結果と $U_a \neq 0$ の結果は連続的には繋がってはいない．これは，$U_a = 0$ から出発して連続的に U_a を大きくしていく摂動論の方法では得られない結果である．

(3) 以上の計算を振り返ると，Φ_{BCS} が異なる電子数の状態の重ね合わせである為に，計算が著しく簡単になっている事が分かる．金属中の伝導電子の数は巨大ではあるが有限である．故にこの重ね合わせは，計算の為のひとつの便法と見なすべきである．3.3 節の理想ボース気体では，その量子効果が (3.103) の様に粒子の取りうる 2 つの状態の重ね合わせとして現れた．一見すると，BCS 基底状態もまたこの重ね合わせの様に見える．しかし (3.103) は現実の物理状態であるのに対して，BCS 状態は「電子が存在する状態と存在しない状態の重ね合わせ」であり，これは現実というよりは計算上のトリックである．しかし Φ_{BCS} での全電子数の分布は，その最大値 N_0 に鋭いピークを持ち，電子数が N_0 に固定されているのと実質的な違いはない．故にこの近似は実際の計算には何らの問題も起こさない．この点は 5.3.5 節で更に論じる．

(4) BCS 基底状態 (5.47) に存在する $e^{i\theta}$ の位相因子 θ は，Δ を決める最終段階では消える．この Φ_{BCS} が提案された時，この位相 $i\theta$ の意味に気がついた人は少なかったのは無理もない事であった．しかし我々は超伝導体を孤立系に限定して考える必要はない．むしろ電気回路に埋め込まれた超伝導体は，開いた系と考える方が自然である．**ひとたび孤立系という前提を離れると，異なる数の粒子の重ね合わせは，もはや近似ではなく現実の物理過程になる．**ジョセフソンはこの様な状況を考察し，位相 $i\theta$ に物理的な意味を与えた．

(5) 反対に，BCS 模型を原子核の様な有限の粒子数を持つ小さな系に適用すると，この異なる粒子数の重ね合わせという近似は，しばしば現実との間にずれを生む．BCS 模型を小さな系に適用する際には，BCS 理論に基づいた計算をした後で，それを「粒子数が固定した系に射影する」という手続きが必要になる場合がある．

5.3.2 エネルギーギャップ

絶対零度の BCS 基底状態 Φ_{BCS} からの励起を考えよう．クーパー対の形成はフェルミ面付近の多くの電子の協力現象であるので，Φ_{BCS} からの励起もまた協力現象である．Φ_{BCS} からの励起を調べるには，対相互作用 H_{it} が対角化される様に，$f_{k\uparrow}$ と $f_{-k\downarrow}$ を用いて励起を表す準粒子を定義すればよい[54][55]．H_{it} から対相関を取り出した (5.48) の近似では，H_{it} に現れる演算子を，4 つの型 $f_{k\uparrow}$ と $f_{-k\downarrow}$，$f^\dagger_{k\uparrow}$ と $f^\dagger_{-k\downarrow}$ に限定した．準粒子はこうした演算子を重ね合わせて作るので，これらも 4 つの新しい演算子 $\phi_0(k)$，$\phi_0^\dagger(k)$，$\phi_1(k)$，$\phi_1^\dagger(k)$ で表される．

(1) 運動量とスピンの増減を見れば，運動量 k と上向きのスピン $\uparrow$ を持つ電子が消滅する $f_{k\uparrow}$ と，$-k$ と $\downarrow$ を持つ電子が生成する $f^\dagger_{-k\downarrow}$ は同じ効果を生む．この同じ効果を導く 2 つの演算子を重ね合わせて，新たな準粒子を定義しよう．この準粒子の消滅の演算子を $\phi_0(k)$ で表す．

(2) この $\phi_0(k)$ は，フェルミ面から遠く離れた $k \gg k_F$ では $f_{k\uparrow}$ と一致し，$k \ll k_F$ では $f^\dagger_{-k\downarrow}$ と一致するとする．

(3) 同様に $f_{-k\downarrow}$ と $f^\dagger_{k\uparrow}$ を重ね合わせて $\phi_1(k)$ を作る．この 2 つを用いて H_{it} を対角化する為には，$\phi_1(k)$ と $\phi_0(k)$ は直交せねばならない．

図 5.5 での u_k と v_k を見ると，こうした条件を満たす最も簡単な形は

$$\phi_0(k) = u_k f_{k\uparrow} - v_k e^{i\theta} f^\dagger_{-k\downarrow}, \quad \phi_1(k) = u_k f_{-k\downarrow} + v_k e^{i\theta} f^\dagger_{k\uparrow}, \tag{5.62}$$

である．(BCS 基底状態 (5.47) での $f^\dagger_{k\uparrow}$ と $f^\dagger_{-k\downarrow}$ は 2 つの異なる電子であるの

に対して，上の $\phi_0(k)$ を構成する $f_{k\uparrow}$ と $f_{-k\downarrow}^\dagger$ は，同じ電子を時間の進行を逆回しにして見た 2 つの姿である.）

$f_{k\uparrow}$ と $f_{k\uparrow}^\dagger$ はフェルミ統計 $\{f_{k\uparrow}, f_{k\uparrow}^\dagger\} = 1$ に従うので，$\phi_0(k)$ と $\phi_0^\dagger(k)$ もまたフェルミ統計

$$\{\phi_0(k), \phi_0^\dagger(k)\} = u_k^2 + v_k^2 = 1 \tag{5.63}$$

に従う．$\phi_1(k)$ と $\phi_1^\dagger(k)$ もまた同様である．(5.62) を用いると，$f_{k\uparrow}$ と $f_{-k\downarrow}$ を準粒子 $\phi_0(k)$ と $\phi_1(k)$ を使って

$$f_{k\uparrow} = u_k\phi_0(k) + v_k e^{i\theta}\phi_1^\dagger(k), \quad f_{-k\downarrow} = u_k\phi_1(k) - v_k e^{i\theta}\phi_0^\dagger(k), \tag{5.64}$$

と書き直す事が出来る．前節で行った様に，相互作用を (5.48) の様に近似して，全ハミルトニアン (5.45) を

$$H = \sum_k \epsilon_k f_k^\dagger f_k + U_a \sum_k \sum_p \widehat{B}_p f_{k\uparrow}^\dagger f_{-k\downarrow}^\dagger \tag{5.65}$$

と書き表す．この H を準粒子 $\phi_0(k)$ と $\phi_1(k)$ を用いて表す為に，以下の様な各種の電子の演算子の積を準備しよう．

$$\begin{aligned} f_{k\uparrow}^\dagger f_{k\uparrow} = {}& u_k^2\phi_0^\dagger(k)\phi_0(k) + u_k v_k e^{-i\theta}\phi_1(k)\phi_0(k) \\ & + u_k v_k e^{i\theta}\phi_0^\dagger(k)\phi_1^\dagger(k) + v_k^2\phi_1(k)\phi_1^\dagger(k), \end{aligned} \tag{5.66}$$

$$\begin{aligned} f_{-k\downarrow}^\dagger f_{-k\downarrow} = {}& u_k^2\phi_1^\dagger(k)\phi_1(k) - u_k v_k e^{-i\theta}\phi_0(k)\phi_1(k) \\ & - u_k v_k e^{i\theta}\phi_1^\dagger(k)\phi_0^\dagger(k) + v_k^2\phi_0(k)\phi_0^\dagger(k), \end{aligned} \tag{5.67}$$

$$\begin{aligned} f_{k\uparrow}^\dagger f_{-k\downarrow}^\dagger = {}& u_k^2\phi_0^\dagger(k)\phi_1^\dagger(k) + u_k v_k e^{-i\theta}\phi_1(k)\phi_1^\dagger(k) \\ & - u_k v_k e^{-i\theta}\phi_0^\dagger(k)\phi_0(k) - v_k^2 e^{-i2\theta}\phi_1(k)\phi_0(k), \end{aligned} \tag{5.68}$$

$$\begin{aligned} f_{-k\downarrow} f_{k\uparrow} = {}& u_k^2\phi_1(k)\phi_0(k) + u_k v_k e^{i\theta}\phi_1(k)\phi_1^\dagger(k) \\ & - u_k v_k e^{i\theta}\phi_0^\dagger(k)\phi_0(k) - v_k^2 e^{i2\theta}\phi_0^\dagger(k)\phi_1^\dagger(k). \end{aligned} \tag{5.69}$$

これらを (5.65) の運動エネルギーの項 $\epsilon_k[f_{k\uparrow}^\dagger f_{k\uparrow} + f_{-k\downarrow}^\dagger f_{-k\downarrow}]$ に代入すると

$$\begin{aligned} H_0 = {}& \sum_k \epsilon_k(u_k^2 - v_k^2)[\phi_0^\dagger(k)\phi_0(k) + \phi_1^\dagger(k)\phi_1(k)] + 2\sum_k \epsilon_k v_k^2 \\ & + \sum_k 2\epsilon_k u_k v_k[e^{-i\theta}\phi_1(k)\phi_0(k) + e^{i\theta}\phi_0^\dagger(k)\phi_1^\dagger(k)] \end{aligned} \tag{5.70}$$

を得る．常伝導相ではフェルミ面以下で $u_k = 0$ なので，$\phi_0^\dagger(k)\phi_0(k) + \phi_1^\dagger(k)\phi_1(k) = 1$ を用いると，この H_0 は $\sum_k \epsilon_k v_k^2$ に一致する．同様に (5.65) の相互作用項は，

$$
H_{it} = \sum_k U_a \langle \sum_p \widehat{B}_p \rangle \left[(u_k^2 - v_k^2)[e^{i\theta}\phi_0^\dagger(k)\phi_1^\dagger(k) + e^{-i\theta}\phi_1(k)\phi_0(k)] \right]
$$
$$
- \sum_k U_a \langle \sum_p \widehat{B}_p \rangle \left[2u_k v_k [\phi_1^\dagger(k)\phi_1(k) + \phi_0^\dagger(k)\phi_0(k)] \right] \qquad (5.71)
$$

となる．ここでは (5.65) の $\sum_p \widehat{B}_p$ を，平均場 $\langle \sum_p \widehat{B}_p \rangle$ で置き換えた．H_0 の右辺第 1 項と H_{it} の右辺第 2 項は対角項であるが，H_0 の第 3 項と H_{it} の第 1 項は非対角項である．(5.70) と (5.71) を一緒にして $\{\phi_1, \phi_1^\dagger\} = 1$ を用いると，全ハミルトニアン

$$
H = \sum_k \left[\epsilon_k (u_k^2 - v_k^2) - \Delta' 2u_k v_k \right] \left[\phi_1^\dagger(k)\phi_1(k) + \phi_0^\dagger(k)\phi_0(k) \right]
$$
$$
+ \sum_k \left[2\epsilon_k u_k v_k - \Delta'(u_k^2 - v_k^2) \right] \left[e^{i\theta}\phi_0^\dagger(k)\phi_1^\dagger(k) + e^{-i\theta}\phi_1(k)\phi_0(k) \right]
$$
$$
+ \sum_k 2\epsilon_k v_k^2 \qquad (5.72)
$$

を得る．ここで $\Delta' = -U_a \langle \sum_p \widehat{B}_p \rangle$ と置いた．BCS 基底状態が安定である為には，2 行目の非対角項は消えねばならない（(5.64) での $\phi_0(k)$ と $\phi_1(k)$ の直交性は，この為に必要である）．非対角項の係数が零になる，つまり $2\epsilon_k u_k v_k - \Delta'(u_k^2 - v_k^2) = 0$ という条件は，$u_k^2 + v_k^2 = 1$ なので $u_k = \sin\theta_k$ と $v_k = \cos\theta_k$ と置けば，それは前節で導いた (5.54) に等しい．従ってこの Δ' は，(5.50) の Δ と同じである．残りの項に (5.55) を用いて，Φ_{BCS} からの励起を記述する全ハミルトニアン

$$
H = \sum_k \left[\sqrt{\epsilon_k^2 + \Delta^2} (\phi_0^\dagger(k)\phi_0(k) + \phi_1^\dagger(k)\phi_1(k)) \right]
$$
$$
+ 2\sum_k \left[\epsilon_k \left(1 - \frac{\epsilon_k}{\sqrt{\epsilon_k^2 + \Delta^2}} \right) \right] \qquad (5.73)
$$

を得る．これより絶対零度での最低励起状態は，$\sum_k \phi_0^\dagger(k)\phi_1^\dagger(k)\Phi_{BCS}$ である．その励起エネルギー $E = \sqrt{\epsilon_k^2 + \Delta^2}$ は，基底状態からのエネルギーギャップ Δ を持つ．準粒子 $\phi_0^\dagger(k)\phi_0(k) + \phi_1^\dagger(k)\phi_1(k)$ と正常相の電子との間には 1 対 1 の対応があるので，全状態の数は同じである．故にフェルミ面付近では，超伝導状態の状態密度 $N_s(E)$ と，常伝導状態の一定の状態密度 $N(0)$ との間には，$N_s(E)dE = N(0)d\epsilon$ の関係が成り立ち，その比率は

$$
\frac{N_s(E)}{N(0)} = \frac{d\epsilon}{dE} = \begin{cases} \dfrac{E}{\sqrt{E^2 - \Delta^2}} & E > \Delta \\ 0 & E < \Delta \end{cases}
$$

である．

この $N_s(E)$ は図 5.5 に示す様に $E = \pm\Delta$ で発散している．このエネルギーギャップの存在と発散する状態密度は，次の 2 つの実験で観測された．1 つの

方法は，超伝導体にマイクロ波を照射してその吸収の周波数スペクトルを調べる方法である．もう 1 つの方法は，超伝導金属と正常金属の間にトンネル電流を流し，そのスペクトルを測る方法である．Δ の大きさは数 meV の程度なので，低温での 1 自由度あたりの熱励起のエネルギー $k_B T$ と同じ程度である．超伝導電流は外部からの擾乱に対して安定であるが，エネルギーギャップ Δ は，その大きさから考えると超伝導電流が安定である原因ではない．真の原因は，むしろ超伝導電流が流れている状態が，大きなエネルギー障壁で守られた巨視的な準安定状態である点にある．

5.3.3 有限温度での準粒子励起

有限温度での BCS 状態 $\Phi_{BCS}(T)$ を考えよう．(5.73) を見ると，この系の励起とは，エネルギー $\sqrt{\epsilon_k^2 + \Delta^2}$ を持つ準粒子の励起である．（この準粒子はボゴリューボフに因んでボゴロンと名付けられた．）この観点から絶対零度を見ると，BCS 基底状態 Φ_{BCS} とはこの準粒子の真空であり，有限温度ではそこから準粒子が励起し，また崩壊が起きている．他方 (5.65) の H_{it} に平均場 $\Delta = -U_a\langle \sum_p \widehat{B}_p \rangle$ を用いると，「絶対零度での超伝導状態とは，クーパー対が平均場 Δ の下で運動している状態である」という描像を得る．そこで有限温度での H_{it} を，クーパー対が生じる原因としてだけではなく，準粒子間の相互作用とも見なそう．散乱に際して電子数が保存するので，この準粒子の散乱に際してもその数が保存する．(5.68) と (5.69) を用いて，(5.48) の H_{it} を，4 つの演算子 $\phi_0(k)$，$\phi_0^\dagger(k)$，$\phi_1(k)$，$\phi_1^\dagger(k)$ で書き直そう．そのうち準粒子の数が保存する過程

$$
\begin{aligned}
& f_{k\uparrow}^\dagger f_{-k\downarrow}^\dagger f_{-k'\downarrow} f_{k'\uparrow} \\
&\quad = u_k v_k u_{k'} v_{k'} \left[\phi_1(k)\phi_1^\dagger(k)\phi_1(k')\phi_1^\dagger(k') - \phi_1(k)\phi_1^\dagger(k)\phi_0^\dagger(k')\phi_0(k') \right] \\
&\quad + u_k v_k u_{k'} v_{k'} \left[-\phi_0^\dagger(k)\phi_0(k)\phi_1(k')\phi_1^\dagger(k') + \phi_0^\dagger(k)\phi_0(k)\phi_0^\dagger(k')\phi_0(k') \right]
\end{aligned}
\tag{5.74}
$$

のみを考える．この $f_{k\uparrow}^\dagger f_{-k\downarrow}^\dagger f_{-k'\downarrow} f_{k'\uparrow}$ を $\Phi_{BCS}(T)$ で挟んだ期待値を作ろう．波数 k を持つ準粒子の数は

$$
\begin{aligned}
\langle \Phi_{BCS}(T)|\phi_0^\dagger(k)\phi_0(k)|\Phi_{BCS}(T)\rangle &= \langle \Phi_{BCS}(T)|\phi_1^\dagger(k)\phi_1(k)|\Phi_{BCS}(T)\rangle \\
&= f(k, T)
\end{aligned}
\tag{5.75}
$$

の様な分布関数 $f(k,T)$ で表されるとする．電子間に働く引力が弱く 2 体力である場合には，準粒子に独立粒子の描像（ハートレー–フォック近似）を用いる事が出来て，例えば (5.74) の右辺第 4 項は

$$\langle\Phi_{BCS}(T)|\phi_0^\dagger(k)\phi_0(k)\phi_0^\dagger(k')\phi_0(k')|\Phi_{BCS}(T)\rangle = f(k,T)f(k',T) \tag{5.76}$$

となる．有限温度での相互作用エネルギー $E_{it} = \langle\Phi_{BCS}(T)|H_{it}|\Phi_{BCS}(T)\rangle$ は，(5.74) を用いて，

$$\begin{aligned}
E_{it} &= U_a \sum_{k,k'} u_k v_k u_{k'} v_{k'} \\
&\quad \times [(1-f(k,T))(1-f(k',T)) - (1-f(k,T))f(k',T)] \\
&\quad + U_a \sum_{k,k'} u_k v_k u_{k'} v_{k'} [-f(k,T)(1-f(k',T)) + f(k,T)f(k',T)] \\
&= U_a \left[\sum_k u_k v_k (1-2f(k,T))\right]\left[\sum_{k'} u_{k'} v_{k'} (1-2f(k',T))\right]
\end{aligned} \tag{5.77}$$

で与えられる．絶対零度での全エネルギー (5.72) の右辺第 1 項のうち，Δ を含む相互作用部分は有限温度では (5.77) に置き換わり，そこに準粒子の分布 $f(k,T)$ が現れる．また右辺第 2 項はすでに消えた．故に全エネルギー $E = \langle\Phi_{BCS}(T)|H_0 + H_{it}|\Phi_{BCS}(T)\rangle$ は

$$\begin{aligned}
E &= \sum_k 2\epsilon_k v_k^2 + \sum_k \epsilon_k (u_k^2 - v_k^2) f(k,T) \\
&\quad + U_a \left[\sum_k u_k v_k (1-2f(k,T))\right]\left[\sum_p u_p v_p (1-2f(p,T))\right]
\end{aligned} \tag{5.78}$$

となる．この準粒子は (5.63) の様にフェルミ統計に従うので，準粒子の励起によるエントロピー S は

$$S = -k_B \sum_k [f(k,T)\ln f(k,T) + (1-f(k,T))\ln(1-f(k,T))] \tag{5.79}$$

で与えられる．故にヘルムホルツの自由エネルギー $F = E - TS$ は

$$\begin{aligned}
F &= \sum_k 2\epsilon_k v_k^2 + \sum_k \epsilon_k (u_k^2 - v_k^2) f(k,T) \\
&\quad + U_a \left[\sum_k u_k v_k (1-2f(k,T))\right]\left[\sum_p u_p v_p (1-2f(p,T))\right] \\
&\quad + k_B T \sum_k [f(k,T)\ln f(k,T) + (1-f(k,T))\ln(1-f(k,T))]
\end{aligned} \tag{5.80}$$

となる．

絶対零度でのエネルギーギャップの定義 $\Delta = -U_a \sum_l \langle\Phi_{BCS}|\widehat{B}_l|\Phi_{BCS}\rangle$

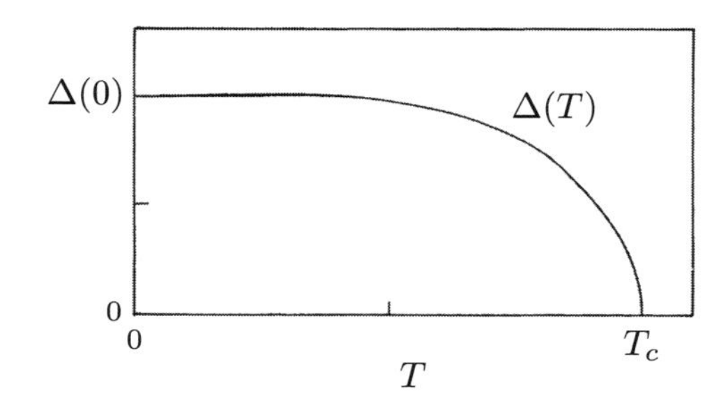

図 5.6　ギャップ方程式の解.

は，有限温度では $\Delta(T) = -U_a \sum_l \langle \Phi_{BCS}(T)|\widehat{B}_l|\Phi_{BCS}(T)\rangle$ と一般化される．$\widehat{B}_l = f_{-k\downarrow} f_{k\uparrow}$ に (5.69) を用いると，$\langle \Phi_{BCS}(T)|\widehat{B}_l|\Phi_{BCS}(T)\rangle = u_l v_l \langle \Phi_{BCS}(T)|(1 - \phi_0^\dagger \phi_0 - \phi_1^\dagger \phi_1)|\Phi_{BCS}(T)\rangle$ を得る．(5.75) を用いてこれを分布関数で表し，上記のエネルギーギャップ $\Delta(T)$ の定義に用いると

$$|\Delta(T)| = -U_a \sum_k u_k v_k [1 - 2f_F(k,T)] \tag{5.81}$$

を得る.

熱平衡状態とは，自由エネルギー F が，u_k と v_k と $f(k,T)$ の各々について極小値を取る状態である.

(1) (5.81) と $u_k = \sin\theta_k$ と $v_k = \cos\theta_k$ を用いて，(5.80) の F の θ_k に依存する部分を取り出し，他は F' と置くと

$$F = \sum_k \left[\epsilon_k v_k^2 - \Delta(T) u_k v_k\right] (1 - 2f(k,T)) + F' \tag{5.82}$$

を得る．この F の θ_k についての変分を行うと，有限温度においても (5.54) と同じ形の安定性の条件 $2\epsilon_k u_k v_k = |\Delta(T)|(u_k^2 - v_k^2)$ を得る．従って有限温度においても，(5.55) の u_k^2 と v_k^2 の形は，Δ を $\Delta(T)$ と置き換えれば，そのままに正しい．F の $f(k,T)$ について変分 δF は

$$\delta F = \left[\epsilon_k(u_k^2 - v_k^2) + 2u_k v_k \left(\sum_p u_p v_p (1 - 2f(p,T))\right)\right] \delta f(k,T) + k_B T \ln \frac{f(k,T)}{1 - f(k,T)} \delta f(k,T) \tag{5.83}$$

である．先に得た u_k^2 と v_k^2 を用いて，上式の $\delta f(k,T)$ の係数が零となる条件を求めると，$f(k,T)$ として

$$f_F(k,T) = \frac{1}{1 + \exp\left(\dfrac{\sqrt{\epsilon_k^2 + \Delta(T)^2}}{k_B T}\right)} \tag{5.84}$$

を得る．

(2) 有限温度でのギャップ方程式として，(5.81) に有限温度での (5.55) と (5.84) を用いて，

$$1 = -N(0)U_a \int_0^{\epsilon_c} d\epsilon \frac{1}{\sqrt{\epsilon^2 + \Delta(T)^2}} \tanh \frac{\sqrt{\epsilon^2 + \Delta(T)^2}}{2k_B T} \tag{5.85}$$

を得る．図 5.6 に $\Delta(T)$ の温度依存性を描いた．超伝導転移温度 T_c は，$\Delta(T_c) = 0$ を代入して

$$1 = -N(0)U_a \int_0^{\epsilon_c} d\epsilon \frac{1}{\epsilon} \tanh \frac{\epsilon}{2k_B T_c}, \tag{5.86}$$

により決まる．積分を実行して

$$k_B T_c = 1.14\epsilon_c \exp\left(\frac{-1}{N(0)|U_a|}\right) \tag{5.87}$$

を得る．

T_c 近くの $T < T_c$ での $\Delta(T)$ の温度依存性は，(5.85) の被積分関数を小さな $\Delta(T)$ について展開して得られ，その結果は

$$\frac{\Delta(T)}{\Delta(0)} = 1.74\sqrt{1 - \frac{T}{T_c}} \tag{5.88}$$

である．低温側から T_c に近づくにつれて $\Delta(T)$ は減少し，この準粒子のエネルギースペクトル $\sqrt{\epsilon_k^2 + \Delta(T)^2}$ と状態密度 $N_s(E)$ は，正常金属のそれに近づく．(5.87) の $k_B T_c$ を (5.58) の $\Delta(0)$ と比べると，両者は似た形をしていて

$$\frac{2\Delta(0)}{k_B T_c} = 3.51, \tag{5.89}$$

の関係が成り立つ．これは BCS 模型に特徴的な予言であって，金属の持つ様々な物質定数には依らない普遍的な関係である．

5.3.4 緩く結合したボース粒子としてのクーパー対

5.2.3 節ではクーパー対の座標空間での広がりを粗く見積もった．クーパー対を表す波動関数は，その波数が k_F のまわりに幅 $\delta k = \epsilon_b/(\hbar v_F)$ で分布する，(5.40) の様な平面波 $\exp(i\boldsymbol{k} \cdot [\boldsymbol{r_1} - \boldsymbol{r_2}])$ の重ね合わせであり，そこでは図 5.4 の様に波束が生じる．（ここで ϵ_b は結合エネルギーを表す．）今や我々は BCS 模型を知っているので，クーパー対の広がりを決める波数の幅として，フェルミエネルギーの近傍 $0 < 2|\xi_k| < \epsilon_c$ でだけ零と異なる $u_k v_k$ を用いる事が出来る．クーパー対を表す波動関数として，平面波をこの範囲で重ね合わせた

$$\phi(r) = \frac{1}{\sqrt{V}} \sum_k u_k v_k \exp(i\boldsymbol{k} \cdot \boldsymbol{r}) \tag{5.90}$$

を用いる．(5.55) の u_k と v_k を用いて，和を積分

$$\phi(r) = \frac{\sqrt{V}}{2} \int \frac{\Delta}{\sqrt{(\epsilon_k - \epsilon_F)^2 + \Delta^2}} \exp(i\boldsymbol{k} \cdot \boldsymbol{r}) d^3k \tag{5.91}$$

に置き換えよう．$\exp(i\boldsymbol{k} \cdot \boldsymbol{r})$ の $\boldsymbol{k}$ の方向について角度積分を行うと

$$\int \exp(ikr\cos\theta) d^3k = 4\pi \int \frac{\sin kr}{r} kdk \tag{5.92}$$

を得る．これを (5.91) に用いて，積分変数を $k \simeq k_F + \xi_k/(\hbar v_F)$ から，フェルミエネルギーより測った電子の運動エネルギー $\xi_k = \epsilon_k - \epsilon_F$ に変える．$d\xi_k = (\hbar^2/m)kdk$ を用いると $\phi(r)$ は

$$\phi(r) \propto \left(\frac{m\Delta\sqrt{V}}{r\hbar^2} \right) \int \frac{\sin\left[k_F + \dfrac{\xi_k}{\hbar v_F} \right] r}{\sqrt{\xi_k^2 + \Delta^2}} d\xi_k \tag{5.93}$$

に比例する．$\epsilon_F \gg \xi_k$ であるので $\sin[k_F + \xi_k/(\hbar v_F)]r \simeq \sin k_F r \cos[\xi_k/(\hbar v_F)]r$ と近似して，

$$\phi(r) \propto \left(\frac{m\Delta\sqrt{V}}{r\hbar^2} \right) \sin k_F r \int \frac{\cos \dfrac{\xi_k r}{\hbar v_F}}{\sqrt{\xi_k^2 + \Delta^2}} d\xi_k \tag{5.94}$$

を得る．これを第 2 種の変形ベッセル関数 $K_0(x)$

$$K_0(x) = \int_0^\infty \frac{\cos xt}{\sqrt{t^2+1}} dt, \tag{5.95}$$

と比べると，(5.94) の変数を ξ_k から $t = \xi_k/\Delta$ へと変えて，

$$\phi(r) \propto \left(\frac{m\Delta k_F\sqrt{V}}{\hbar^2} \right) \frac{\sin k_F r}{k_F r} K_0\left(\frac{\Delta}{\hbar v_F} r \right) \tag{5.96}$$

を得る．この関数 $K_0(x)$ は $x = 0$ で最大であり，$x \to \infty$ では $x^{-1/2}\exp(-x)$ の様な減少関数である．その $x = 0$ のまわりの幅は $1/\pi$ の程度である．これよりクーパー対の空間的な広がり ξ_0 は

$$\xi_0 = \frac{\hbar v_F}{\pi|\Delta|}, \tag{5.97}$$

で与えられる．これはピパードの長さと呼ばれる．（ピパードの長さは，BCS 模型の誕生以前に，超伝導体の磁場中での非局所的な応答を説明する為に提案された[56]．）この ξ_0 は，図 5.4 で直観的に見積もられた幅 $\delta r \simeq \hbar v_F/\epsilon_b$ に一致するはずである．これより，Δ はクーパー対の緩い束縛エネルギー $\epsilon_b = |E - 2\epsilon_F|$ に対応すると解釈出来る．

温度が下がるにつれて $|\Delta|$ は増加するので，(5.97) の空間的な広がり ξ_0 は減少する．$T = 0$ K では，Δ は数 meV 程度なので，ξ_0 は 10^{-4} cm の程度である．クーパー対はフェルミ粒子が緩やかに結合したボース粒子的状態である

が，$T \to 0$ K となるにつれて，堅く結合したボース粒子の方向に少し変化する．(3.2.2 節では，ボース気体でのコヒーレントな多体波動関数のサイズ s の分布 $h(s)$ を考えたが，5.1 節では，フェルミ統計で同様の解釈をするのは難しい事を見た．むしろ (5.96) の $|\phi(r)|^2$ が，引力の働くフェルミ気体での $h(s)$ に対応する．)

5.3.5 粒子数不確定の意味

多体問題では，N 個の粒子を含んだ孤立した系を扱うのが普通であるが，BCS 基底状態 Φ_{BCS} は，異なる数の電子を含んだ複数の状態の重ね合わせとして表されている．これを孤立した超伝導金属に適用した場合に，何か問題を引き起こさないかを調べよう．

BCS 基底状態中の平均電子数は，$\langle N\rangle = 2\sum_k v_k^2$ である．BCS 基底状態での N の分散

$$\langle (N-\langle N\rangle)^2\rangle = \langle N^2\rangle - \langle N\rangle^2 = \langle N^2\rangle - 4(\sum_k v_k^2)^2 \tag{5.98}$$

を求めよう．BCS 模型での $\langle\Phi_{BCS}|N^2|\Phi_{BCS}\rangle$，つまり

$$\langle\Phi_{BCS}|\sum_k (f_{k\uparrow}^\dagger f_{k\uparrow} + f_{k\downarrow}^\dagger f_{k\downarrow})\sum_l (f_{l\uparrow}^\dagger f_{l\uparrow} + f_{l\downarrow}^\dagger f_{l\downarrow})|\Phi_{BCS}\rangle \tag{5.99}$$

は以下の様に見積もる事が出来る．

(1) $k=l$ の時は，$\langle N^2\rangle$ は $4\sum_k v_k^2$ に等しい．

(2) $k\neq l$ の時は，$|\Phi_{BCS}\rangle$ の中の $v_k f_{k\uparrow}^\dagger f_{-k\downarrow}^\dagger$ と $v_l f_{l\uparrow}^\dagger f_{-l\downarrow}^\dagger$ の積と，$\langle\Phi_{BCS}|$ 内の対応する消滅演算子の積を用いて，N^2 を挟んだ項が消えずに残る．

以上をまとめると

$$\begin{aligned}\langle N^2\rangle &= 4\sum_k\sum_{l\neq k} v_k^2 v_l^2 + 4\sum_k v_k^2 \\ &= (2\sum_k v_k^2)(2\sum_l v_l^2) - 4\sum_k v_k^4 + 4\sum_k v_k^2\end{aligned} \tag{5.100}$$

を得る．この $\langle N^2\rangle$ を (5.98) に代入すると上式の右辺第 1 項は消え，更に $u_k^2+v_k^2=1$ を使うと，

$$\langle (N-\langle N\rangle)^2\rangle = -4\sum_k v_k^4 + 4\sum_k v_k^2 = 4\sum_k v_k^2 u_k^2 \tag{5.101}$$

を得る．結局，電子数の相対的な不確定さは

$$\frac{\sqrt{(N-\langle N\rangle)^2}}{N} = \frac{2\sqrt{\sum_k v_k^2 u_k^2}}{N} \simeq \frac{\sqrt{N}}{N} \simeq 10^{-10} \tag{5.102}$$

となる．$|\Phi_{BCS}\rangle$ に粒子数が確定しない近似をしても，それによる影響は，巨視的な系では無視出来る位に小さい．従って BCS 基底状態を，巨視的な系の

良い近似と見なす事が出来る[*2)].

BCS 基底状態で粒子数が確定しない事は，(5.47) の Φ_{BCS} での位相角 θ の存在と関係している．BCS 基底状態は異なる波数の積の形をしているが，n 個の波数 k について積が作られると，そこには $e^{in\theta}$ が現れる．故に粒子数 n は BCS 基底状態には $e^{in\theta}$ として含まれる．従って粒子数の固有状態 $|N\rangle$ は，フーリエ変換を用いて

$$|N\rangle = \int_0^{2\pi} d\theta e^{iN\theta} \prod_k (u_k + v_k e^{i\theta} f_{k\uparrow}^\dagger f_{-k\downarrow}^\dagger)|0\rangle \tag{5.103}$$

の様に BCS 基底状態から取り出される．フーリエ変換の一般的な性質として $\delta N \delta\theta \geq 1$ が成り立つので，N の不確定さは θ の不確定さに反比例する．$\delta N = 0$ である完全に孤立した系では，BCS 基底状態の位相は完全に不確定である．

超伝導相の秩序変数はギンツブルグとランダウにより現象論的に提案された．この秩序変数は，振幅と位相を持つ 2 成分の量であり波としての性質を持つ．この現象論を説明する BCS 基底状態 Φ_{BCS} にも，位相因子 $e^{i\theta}$ が存在する．しかしギャップ方程式を導く際には，この θ は消えてしまった．これにより，孤立系を扱う限り，位相は何の物理的役割も持たない様に見える．

しかし超伝導体を電気回路に埋め込んで，電子が出入りする開いた系にすると，「異なる電子数の重ね合わせ」は，もはや近似ではなく明確な物理的な意味を持っている．1962 年にジョセフソンは，2 つの超伝導体の間の位相の差 $\theta_1 - \theta_2$ は，観測出来る量である事を指摘し，それを確認する為にトンネル接合の実験を提案した．$\delta N \delta\theta \geq 1$ の関係を考えると，接合により 2 つの超伝導体が結合すると，個々の超伝導体では $\delta N \neq 0$ となり，その結果 $\delta\theta$ は有限な大きさに留まり，2 つの超伝導体の間には明確な位相差が生じる．

温度が下がってコヒーレントな多体波動関数が巨視的な大きさにまで成長すると，その波動関数に含まれる粒子を大規模に入れ替えても，量子統計により，その波動関数は符号の振動を除けば不変である．この巨視的な多体波動関数では，$\exp(i\theta)$ は巨視的な回数だけ掛け合わされ，この θ は古典物理に従う巨視的な変数になる．この位相 θ は，熱的な擾乱が加えられても破壊されずに存続し，遂には凝縮体の巨視的な変数になる．つまり位相因子 $\exp(iN\theta)$ の為に，超伝導電流の巨視的な記述が可能になる．これにより，「超伝導体は巨視的な波により記述される」と見なす事が可能になり，巨視的量子効果という言葉が生まれた．しかし，ボース系の場合に 3.3.2.2 節で強調した様に，この波は電子の量子的性質にその起源を持つとは言え，量子的な波ではなく古典的な波である．つまり 2 重スリットの実験により確認される，1 個の電子または 1 個の

---

*2) BCS 模型を原子核中の核子の対相関に応用する時には，BCS 基底状態から粒子数の確定した状態に射影する必要が生じる場合がある．

光子を表す量子的な波と混同してはならない．この意味では，超伝導あるいは超流動は，微視的な量子論的世界と巨視的な古典論的世界との境界に存在する中間的な現象である．

ボース凝縮は，「ボース粒子の化学ポテンシャルが零 ($\mu = 0$) になる現象」と特徴付けられる．他方，縮退したフェルミ気体の化学ポテンシャル μ は，フェルミエネルギー ϵ_F の程度である．しかしその超伝導相では，化学ポテンシャルはクーパー対の重心運動に対応したもう 1 つの意味 μ_c を持つ．超伝導電流では $\mu_c = 0$ であり，これはボース粒子の μ とは平行関係にある．クーパー対の重心運動が主役を果たす力学的な性質に関しては，超伝導電流は固有のボース粒子の超流動流とよく似た印象を我々に与える*3)．しかし熱力学的性質については，フェルミ粒子がクーパー対を形成して示す準ボース統計は，真のボース統計とは相当に異なる．クーパー対の重心運動がボース統計に従う様に見えても，真のボース統計に完全に従う訳ではない．何故なら熱エネルギーが加わると，クーパー対は容易に 2 つの電子に壊れるからである．

5.3.6 平均場近似の有効性

BCS 理論は平均場近似を用いて作られている．2 次相転移をヘルムホルツの自由エネルギーのランダウ展開

$$F = F_0 + a(T - T_c)\Delta^2 + \frac{1}{2}b\Delta^4 \tag{5.104}$$

を用いて考察する現象論は，$T \simeq T_c$ での BCS 模型の予言をよく再現する．自由エネルギーが極小になる条件 $\delta F/\delta\Delta = 0$ より，$\Delta(T) = \sqrt{(a/b)|T - T_c|}$ を得る．転移温度の近くでは，実験結果と理論は印象的なほどに一致し，これは平均場近似が超伝導転移を記述する強力な手段である事を強く示唆する．

しかし，「T_c 近傍で，自由エネルギーが秩序変数の簡単な連続関数になる」と，一般的に期待する事は出来ない．むしろ転移温度のごく近傍を除けば極めて広い範囲で，超伝導体の様々な性質が，この様に簡単な近似で説明される事こそ驚くべき結果である．この観点からは，もし T_c 近傍で平均場近似が破綻するのを観測したならば，それはむしろ予期された結果である．転移温度のごく近傍の平均場近似が有効でなくなる温度領域は，臨界領域と呼ばれる*4)．超伝導の場合に，「どこまで T_c に接近すればランダウ展開 (5.104) が有効でなくなるのか?」という問いは，調べる価値がある．

一般に秩序変数の揺らぎは，T_c 近傍で増大する．(T_c 直上の Δ の値は，秩序変数の零からの揺らぎそのものであるが，その揺らぎとしての性質を強調する為に $\delta\Delta$ と表記する．) 3.2.4 節で述べた揺らぎの理論によれば，揺らぎの起

---

*3) 顕著な例外として，クーパー対の広がりに起因する非局所的性質がマイスナー効果で現れる．

*4) この臨界領域は気体–液体相図での臨界点と混同なきように．

きている部分の体積を V_c とすると，$\delta\Delta$ が現れる確率 $P(\delta\Delta)$ は

$$P(\delta\Delta) \propto \exp\left(\frac{V_c S[\delta\Delta]}{k_B}\right) \tag{5.105}$$

で与えられる．$S[\delta\Delta]$ は，揺らぎ $\delta\Delta$ による単位体積当たりのエントロピーの変化である．

T と V が一定の時は，エントロピー S の揺らぎはヘルムホルツの自由エネルギーの揺らぎと $\delta S = -\delta F/T$ の様に関係し，(5.105) は

$$P(\delta\Delta) \propto \exp\left(-\frac{V_c \delta F[\delta\Delta]}{k_B T}\right) \tag{5.106}$$

となる．自由エネルギーの熱平衡値 F_0 からの揺らぎ δF は，平均場近似の範囲では T_c 近くで

$$\delta F[\delta\Delta] = \frac{1}{2}\left(\frac{\partial^2 F}{\partial \Delta^2}\right)(\delta\Delta)^2 = \frac{1}{2}\left(\frac{1}{\chi(T)}\right)(\delta\Delta)^2 = a(T-T_c)(\delta\Delta)^2 + \cdots, \tag{5.107}$$

と近似される．ここで $\chi(T)$ は静的感受率である．これを (5.106) 中の指数部に代入すると，秩序変数の揺らぎの確率

$$P(\delta\Delta) \propto \exp\left(-\frac{1}{2k_B T}\frac{V_c}{\chi(T)}(\delta\Delta)^2\right) = \exp\left(-\frac{a(T-T_c)}{k_B T}V_c(\delta\Delta)^2\right) \tag{5.108}$$

を得る．秩序変数の揺らぎは，T_c に近づくと $a(T-T_c) \to 0$ の為に増大する．更にこの $P(\delta\Delta)$ は，より小さな試料では，より大きな揺らぎを観測する事を意味している．この揺らぎの生じる部分の体積 V_c の定義については，メソスコピックな数の原子から成る微粒子の実験の場合には，任意性なしに定義する事が出来る．しかし巨視的な系では，揺らぎが起きている部分の体積 V_c を見積もるのは微妙な問題である．自然界には様々なタイプの相転移が存在するが，その各々がそれ独自の V_c を持っている．

小さな試料に限らず巨視的な系においても，その相転移温度に極めて近くなると揺らぎが増大する．秩序変数の揺らぎの 2 乗の平均値 $\langle(\delta\Delta)^2\rangle$ が大きくなり，秩序変数自体の 2 乗の平均値 $\langle\Delta^2\rangle$ と同じ程度になると，平均場の描像は有効でなくなる．T_c に更に近くなると，系は臨界領域に入る．この臨界領域の温度幅を求めよう．2 乗揺らぎの平均 $\langle(\delta\Delta)^2\rangle$ は，(5.108) より

$$\langle(\delta\Delta)^2\rangle = \int(\delta\Delta)^2 P(\delta\Delta)d(\delta\Delta) = \frac{\chi(T)}{V_c}k_B T \tag{5.109}$$

である．他方，安定性の条件 $\partial F/\partial\Delta = 0$ を (5.104) に当てはめると，秩序変数の 2 乗の平均値は

$$\langle\Delta^2\rangle = \frac{a|T-T_c|}{b} \tag{5.110}$$

である．T_c の周りの臨界領域の幅は，この 2 つが同程度の大きさになる温度として

$$\frac{\chi(T)}{V_c}k_BT \simeq \frac{a|T-T_c|}{b}, \tag{5.111}$$

より定まる．

(1) 実験では，臨界温度領域の幅を以下の様に見積もる．2 次相転移では，単位体積当たりの比熱は，転移温度で非連続的に変化する．その T_c での変化の値 δC は (5.104) より

$$\delta C = \frac{a^2T_c}{b} \tag{5.112}$$

である．この δC と，平均場近似での感受率

$$\chi(T) = \frac{1}{2a|T-T_c|}, \tag{5.113}$$

を用いると，臨界領域を決める条件 (5.111) は

$$\frac{k_B}{2V_c\delta CT} \simeq \left(1-\frac{T}{T_c}\right)^2 \tag{5.114}$$

となり，臨界領域に達する温度 T は，V_c 以外は実験値だけで表されている．

(2) 揺らぎが起きる体積 V_c を見積もろう．現実の秩序変数 Δ は，$\Delta(\boldsymbol{r})$ の様に空間的に変調されている．離れた 2 地点の秩序変数の相関は，距離が大きくなるほど弱くなる．そこで相関が存続する限界である相関長を用いて相関体積を定義し，これを V_c としよう．この相関長を求める為に，自由エネルギー F に勾配の項 $g|\nabla\Delta(\boldsymbol{r})|^2$ を

$$F = F_0 + a(T-T_c)|\Delta(\boldsymbol{r})|^2 + \frac{1}{2}b|\Delta(\boldsymbol{r})|^4 + g|\nabla\Delta(\boldsymbol{r})|^2 \tag{5.115}$$

と付け加える．変調された秩序変数

$$\Delta(\boldsymbol{r}) = \sum_{\boldsymbol{k}}\Delta(\boldsymbol{k})\exp(i\boldsymbol{k}\cdot\boldsymbol{r}), \tag{5.116}$$

を用い，$\Delta(\boldsymbol{k})$ の 2 次の項まで考えて自由エネルギーの変化を

$$F = F_0 + \sum_{\boldsymbol{k}}\left[a(T-T_c)+g|\boldsymbol{k}|^2\right]|\Delta(\boldsymbol{k})|^2 \tag{5.117}$$

と表す．この $\Delta(\boldsymbol{k})$ による自由エネルギーの変化 δF を，(5.106) の $\delta F[\delta\Delta]$ として用いよう．正常相にあって T_c に接近していくと，波数 $\boldsymbol{k}$ で変調された秩序が揺らぎとして発生する．その期待値は

$$\begin{aligned}\langle|\Delta(\boldsymbol{k})|^2\rangle &= \int d\Delta(\boldsymbol{k})|\Delta(\boldsymbol{k})|^2\exp\left(-\frac{V_c[a(T-T_c)+g|\boldsymbol{k}|^2]}{k_BT}|\Delta(\boldsymbol{k})|^2\right)\\ &= \frac{k_BT}{V_c}\frac{1}{a(T-T_c)+g|\boldsymbol{k}|^2}\end{aligned} \tag{5.118}$$

である．これより秩序変数の座標空間での相関関数として

$$\langle \Delta(\boldsymbol{r})\Delta(0)\rangle = \int \langle |\Delta(\boldsymbol{k})|^2\rangle \exp(i\boldsymbol{k}\cdot\boldsymbol{r}) V_c \frac{d\boldsymbol{k}}{(2\pi)^3}$$
$$= \frac{k_B T}{8\pi g}\frac{\exp(-r/r_c)}{r}, \tag{5.119}$$

を得る．ここで r_c は揺らぎの相関長

$$r_c = \sqrt{\frac{g}{a|T-T_c|}} \tag{5.120}$$

である．系の温度が T_c に近づくと相関長は発散する．正常相にあって T_c に接近していくと，超伝導への転移が局所的に揺らぎとして起きる．その部分の体積 V_c は，この r_c を用いると $(4\pi/3)r_c^3$ である．

(3) 臨界温度領域の定義 (5.111) に戻ろう．(5.113) を $\chi(T)$ に，(5.120) を $V_c = (4\pi/3)r_c^3$ として用いて，平均場の描像が成立しなくなる条件

$$\left|1-\frac{T}{T_c}\right| \simeq \frac{b^2 k_B^2 T_c}{a g^3} \tag{5.121}$$

を得る．この関係はギンツブルグ–ルヴァニュック条件[57][58]と呼ばれている．T がこの条件を超えて T_c に近づくと，平均場近似の有効性が問題になる．

この条件は，超伝導転移を他の相転移と比較するのにも役立つ．パラメーター a と b と g は，BCS ハミルトニアンから異常グリーン関数の方法を用いて計算する事が出来るが，このパラメーターは超伝導体のタイプに依存する．つまり臨界領域の幅 $|1-T/T_c|$ も，超伝導体のタイプに依存する．（例えば，高温超伝導体は比較的大きな臨界領域を持っている．）しかし他の相転移現象と比べると，超伝導転移は平均場近似がよく成り立つ相転移と言ってよい．その理由として以下の点が考えられる．

(1) 一般に平均場近似は，波長の長い揺らぎを無視する近似である．電荷を持つ系では，長距離のクーロン相互作用がある為に，粗密波を引き起こす縦方向の励起モード (plasmon) の励起エネルギーは極めて高い．故に本来は低エネルギーであるはずの長距離の揺らぎは，低温ではもちろん室温でも完全に抑制されている．従って波長の長い揺らぎを無視するという平均場近似の弱点は，超伝導では露わにはならない．

(2) クーパー対は固有のボース粒子ではなく，ピパード長の程度に広がった準粒子である．その為にクーパー対とは，すでに平均化がなされた現象であるので，その振る舞いが平均場で精度よく記述される．

こうした状況が，超伝導での平均場近似の有効性を高めているのである．しかし超伝導には，それでもなお平均場近似では説明出来ない現象が存在し，この様な現象が『超伝導揺らぎ』と呼ばれている．超伝導揺らぎは，T_c の極めて近くの温度でのみ観測され，これまで集中的に研究されてきた[59]．相転移論の成果を超伝導に適用するこうした研究は，BCS 理論を精密化する試みの中で

の，1 つの最終的な到達点に達している．一般に巨視的なスケールで起きる揺らぎとは，熱平衡状態にある巨視的な系の安定性を脅かす現象である．フェルミ粒子系に起きる超伝導を，ボース粒子系の超流動転移と比べると，T_c 近傍の平均場近似が適用出来ない温度領域は，ボース粒子系よりも遥かに狭い．故に超伝導で平均場近似の使えない現象に，転移温度のごく近傍でのみ現れる巨視系の『揺らぎ』という言葉を用いても，実際上は混乱を生じない．

しかし統計物理での文字通りの意味からすれば，揺らぎという言葉の使い方には注意を要する．巨視的な系の熱平衡状態は，転移温度近傍を除けば極めて安定である．凝縮系には，平均場近似は有効でないが，巨視的な系の安定性が脅かされている訳ではない現象が色々とある．$T_\lambda < T < 3.7\ \mathrm{K}$ での液体ヘリウム 4 の振る舞いが，その例である．液体ヘリウム 4 では，しばしば $V_c = r_c^3$ の中の r_c として，液体中の 2 つの原子間の距離 d を用いて，臨界領域が粗く見積もられる．この V_c を (5.114) に用いるならば，平均場近似が使える温度領域は，液体ヘリウム 4 では存在しない事になる．V_c として d^3 を取るのが妥当であるかはともかく，極低温の液体ヘリウム 4 では，超伝導に比べて平均場近似の有効性が弱いのは確かである．これより液体ヘリウム 4 では，T_λ のまわりに広い揺らぎ領域がある，としばしば解釈されてきた．しかし巨視的な系の熱力学的安定性の観点からは，この解釈には 3.2 節でも述べた様に疑問がある．この温度付近の液体ヘリウム 4 では，平均場近似は有効でないが，揺らぎが巨視系の不安定を引き起こしている訳ではない．平均場近似を超えた，より精密な取り扱いが必要とされるだけなのである．

次節では改めて BCS 模型の基礎を再検討する．超伝導相転移を，BCS 基底状態への変分法の適用ではなく，統計力学の標準的方法に従って導こう．

5.4 引力相互作用するフェルミ気体の大分配関数を摂動論を用いて導出する方法

BCS 理論は，超伝導の物理を直観的に明らかにした．ただしその方法は，統計物理の標準的方法である分配関数の摂動展開を用いてはいない．むしろ始めから粒子数の保存を破る簡単な基底状態を仮定し，すべての結果をその変分計算より導く．BCS 理論が成功したのは，まさにこの巧みな基底状態を考案出来たからである．しかしその反面として，統計物理の他の重要な問題との関係，例えば引力相互作用が強くなると気体が液体に転移する可能性，を調べる為の出発点を見つけるのが難しくなった．超伝導をより広い観点から調べる為には，BCS 理論を統計物理の標準的方法の上に再定式化する事が必要である．BCS 理論が現れてから数年後に，何人かの人々がこの方針に沿って定式化を試みた[60]~[63]．彼らは粒子数の保存を破るというトリックを用いずに，引力相互作用するフェルミ粒子系の大分配関数を導いた．そこでは，相互作用が粒子をつなぐすべての可能なパターンに渡って，$\exp(-\beta H)$ を足し合わせるという方法で大分配関数が導かれている．従って，それは必然的に汎関数積分になる．こうした試みの中で，ゴーダン[62]により始められ，ランガー[64]により発展させられた方法を用いて得られた超伝導状態の大分配関数は特に興味深い．この方法が興味を引くのは，**温度が下がるにつれて多くの粒子がコヒーレントな多体波動関数に参加していく様子を，運動量空間で直観的に考察出来る**からである．この点では，これは 3.3 節で述べた理想ボース気体の大分配関数を配位空間で定式化する方法とよく似ている．

超伝導状態は，しばしば非摂動論的状態の典型例と言われる．しかし引力相互作用するフェルミ気体の大分配関数を考えて，これを汎関数積分として求めて摂動展開する事は可能である[62][64]．**この無限級数には超伝導状態も含まれているはずであるが，それを取り出すには摂動展開の各項を適切に並べ替えてから無限和を求める事が必要になる．こうした「並べ替え」をして初めて，通常の低次の摂動計算の結果を超えた，超伝導状態を表す結果を得る事が出来る．**この意味では，通常の摂動により得られる状態と，非摂動論的状態の区別は表面的なものである．むしろ「非摂動論的」という言葉は，摂動展開から物理を引き出す上での難易度の違いを表している．

5.4.1 大分配関数の摂動展開

引力相互作用をするフェルミ粒子系

$$H=\sum_p \epsilon_p f^\dagger_{p,\sigma}f_{p,\sigma}+U_a\sum_{p,p',q} f^\dagger_{p-q,\sigma}f^\dagger_{p'+q,\sigma'}f_{p',\sigma'}f_{p,\sigma},\quad (U_a<0), \tag{5.122}$$

を考えよう．$\sum_p \epsilon_p f^\dagger_{p,\sigma}f_{p,\sigma}$ を被摂動部分として，大分配関数を相互作用 H_{it} について摂動展開する．

$$Z_V(\mu)=Z_0(\mu)\sum_{n=0}^{\infty}\frac{(-1)^n}{n!}\times\int_0^\beta d\beta_1\cdots\int_0^\beta d\beta_n\langle TH_{it}(\beta_1)\cdots H_{it}(\beta_n)\rangle. \tag{5.123}$$

ゴーダンとランガーはダイアグラムの手法を用いて，この右辺をパウリ原理を破らない様に注意深く解析した．(5.123) の右辺の被積分関数を，n より小さな l 本のフェルミ粒子線が繋がったダイアグラムの集まり $\langle TH_{it}(\beta_1)\cdots H_{it}(\beta_l)\rangle_{\rm con}$ で構成する ($n=\sum l$)．この為には，各々の $H_{it}(\beta_i)$ において，(5.122) の右辺第 2 項の $f^\dagger_1 f^\dagger_2 f_3 f_4$ を $f^\dagger_1 f_3 f^\dagger_2 f_4$ へと再配置せねばならない．フェルミ統計の為に 1 回の再配置からマイナス符号が生じ，l 次の項ではそれらが l 回繰り返されて，$\langle TH_{it}(\beta_1)\cdots H_{it}(\beta_l)\rangle_{\rm con}$ の符号は $(-1)^l$ の様に正と負に振動する．他方 $\exp(-\beta H)$ の展開より n 次の項には

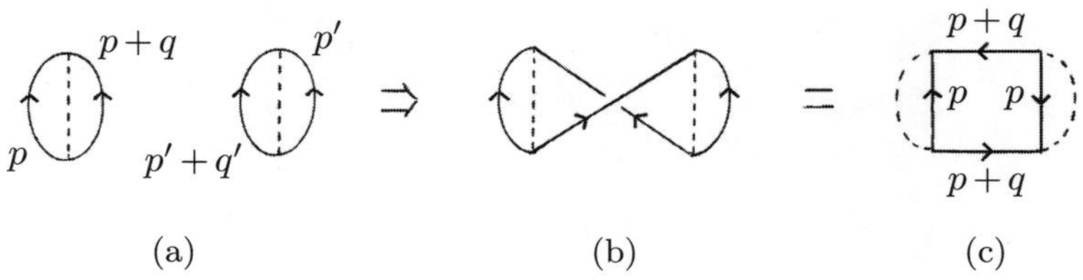

図 5.7　粒子の入れ替えによる 2 つの泡グラフから四角形グラフの生成．

$(-1)^n = (-1)^{\Sigma l}$ が現れる．先の $(-1)^l$ が，この $(-1)^n$ 中の $(-1)^l$ と打ち消し合い簡単になる．

5.4.1.1　ボース系との相違点

第 4 章では引力相互作用をするボース粒子系について，上と同様に (4.5) で大分配関数 $Z_V(\mu)$ を考えた．フェルミ系との相違は以下の点である．(4.6) の $\langle TH_{it}(\beta_1)\cdots H_{it}(\beta_m)\rangle_{\rm con}$ では，ボース統計より $(-1)^m$ は現れなかった．故に $\exp(-\beta H)$ の展開より生じる $(-1)^n = (-1)^{\Sigma m}$ 中の $(-1)^m$ との打ち消しは起こらない．残った $(-1)^m$ は，$m = \sum_s s\nu_s$ と分解されて (4.12) の K_s に繰り込まれた．フェルミ系固有の難しさは，むしろ以下の点で明らかになる．

5.4.1.2　フェルミ統計の効果

繋がった $\langle TH_{it}(\beta_1)\cdots H_{it}(\beta_l)\rangle_{\rm con}$ を用いて，$Z_V(\mu)$ の具体的な形を書こう．その際には「波動関数がフェルミ統計の為に，粒子の入れ替えに対して反対称である」事に注意せねばならない．

(1) $Z_V(\mu)$ の摂動展開の 2 次の項 $\langle TH_{it}(\beta_1)H_{it}(\beta_2)\rangle_{\rm con}$ から始めよう．最も簡単なのは，図 5.7(a) の様に運動量 p と p' を持つ 2 つの独立した泡グラフである．2 つの $H_{it}(\beta)$ は共に運動量についての和であるが，その中には $p = p'$ かつ $q = q'$ の項も含まれる．図 5.7(a) で $p = p'$ かつ $q = q'$ である時，フェルミ統計によれば，2 つを入れ替えたグラフ，つまり (b) の様に $p + q$ の粒子線と $p' + q'$ $(= p + q)$ の粒子線を入れ替えたグラフもまた，(5.123) の展開の中に含まれねばならない．故に 1 回の入れ替えにより，(a) とは反対の符号を持つ (c) の様な四角形が現れる．

(2) 同様に展開の 3 次の項で，図 5.8(a) の様な 3 つの独立な泡グラフを考えよう．各 H_{it} 中の独立な和の中には $p = p' = p''$ かつ $q = q' = q''$ の

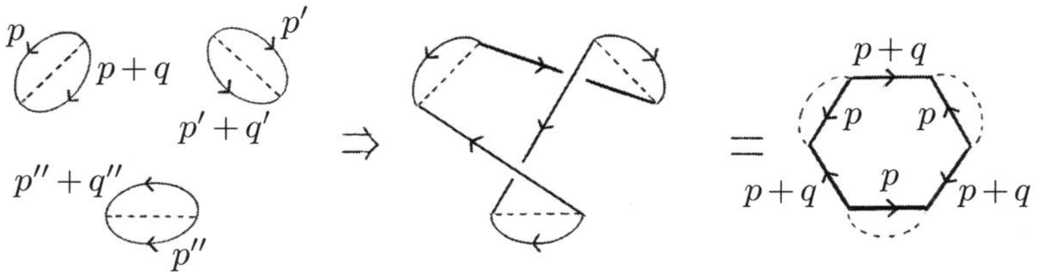

(a) (b) (c)

図 5.8　粒子の入れ替えによる 3 つの泡グラフから六角形グラフの生成.

項もあり，それを表すグラフも $\langle TH_{it}(\beta_1)H_{it}(\beta_2)H_{it}(\beta_3)\rangle_{\rm con}$ 中には含まれる．図 5.8(a) で $p = p' = p''$ かつ $q = q' = q''$ である時，共通の運動量 $p + q = p' + q' = p'' + q''$ を持つこれらの線を，(b) に示した様に切って繋ぎかえれば，(c) に示す様な共通の p を持つ 3 つの粒子線と，共通の $p + q$ を持つ 3 つの粒子線から成る六角形が出来上がる．こうした操作を s 回繰り返せば，共通の p を持つ s 本の線と，共通の $p + q$ を持つ s 本の線から成る大きさ $2s$ の多角形が出来上がる．これらは

$$K_s = \left(\frac{1}{(\epsilon_p - \mu) + i\dfrac{\pi l}{\beta}}\right)^s \left(\frac{1}{(\epsilon_{p+Q} - \mu) - i\dfrac{\pi(l+m)}{\beta}}\right)^s \tag{5.124}$$

（l は奇数）と表される．

(3) フェルミ統計により要求される入れ替え操作の結果，ダイアグラムの集合体が出来る．図 5.9(a) は，泡グラフより成る 2 つのリングを示している．異なるリングに属する互いに向かい合った 2 つの泡グラフが，運動量 p と p' を持っているとする．$p = p'$ である時には，こうした粒子線を交換すれば (b) に示す様に 2 つのリングは合体し，3 つの泡グラフが 1 つの四角形に付着した (c) の様なクラスターが現れる．更に入れ替え操作を続けていくと，最終的には 1 つの大きな多角形が出来上がる．フェルミ統計により要求される入れ替え操作の結果，(5.123) の右辺は，様々な多角形よりなるダイアグラムから構成される．

原理的には $Z_V(\mu)$ の linked-cluster 展開には，図 5.7〜5.9 の様なダイアグラムがすべて含まれねばならない．しかし実際問題としては，無限次にわたる項を厳密に足し合わせる事は不可能である．**我々の計算能力は限られているので，実際的な観点からすれば，鍵となるダイアグラムが，展開の高次の項とし**

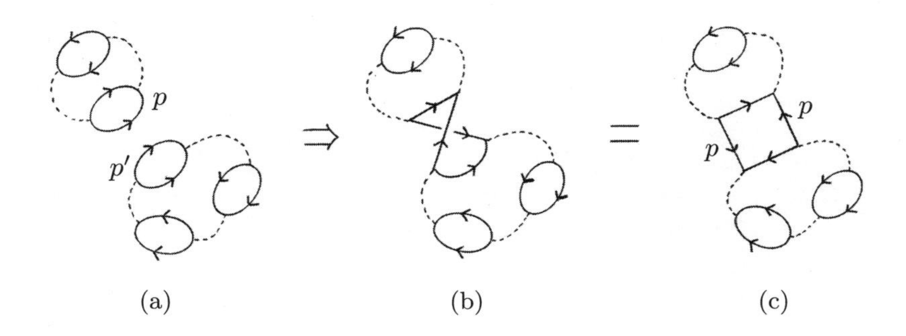

図 5.9　入れ替え操作により出来た 1 つの四角形と 3 つの泡グラフよりなる多角形クラスター．

てではなく，低次の項として現れる様に，摂動展開を並べ替えねばならない．摂動展開を用いて意味のある結果を導く為には，これは本質的に重要な要請である．$Z_V(\mu)$ が超伝導を表すには，この並べ替えが必要になる．

5.4.1.3　多角形の分布

以上の点を考慮して，(5.123) の linked-cluster 展開を書き表そう．具体的には，図 5.9 の様な多角形が集まったグラフ（クラスター）と，そこに含まれる多角形の分布を用いる．$2s$ 個のフェルミ粒子を含む多角形が ν_s 回現れる様な多角形クラスターを考えよう．その分布が $\{\nu_s\} = \{\nu_1, \nu_2, \ldots\}$ で与えられるなら，このクラスターは，ν_1 個の泡グラフ，ν_2 個の四角形，ν_3 個の六角形などを含んでいる．例えば図 5.9(c) では $\{\nu_s\} = \{3, 1, 0, 0, 0, \ldots\}$ である．これらの多角形はプロパゲーターの積 K_s で表されるとする．（例えば K_1 は泡グラフ，K_2 は四角形，K_3 は六角形を表す．）この様な多角形から出来ているクラスターの $Z_V(\mu)$ は，$(K_1)^{\nu_1}(K_2)^{\nu_2}\cdots$ を含む．

(1) 各々の多角形の K_s は，異なる (l, p) について和である．

(2) クラスター中では各々の相互作用線は 2 つの多角形を結びつけるので，

相互作用線の数は粒子数の半分である．$2s$ 個のフェルミ粒子から出来ている K_s は，s 本の相互作用線を含むので，K_s には相互作用 U_a による因子 U_a^s が現れる．

これらを考慮して，大きさ $2s$ の多角形のダイアグラムからの $Z_V(\mu)$ への寄与として，(5.124) を改めて

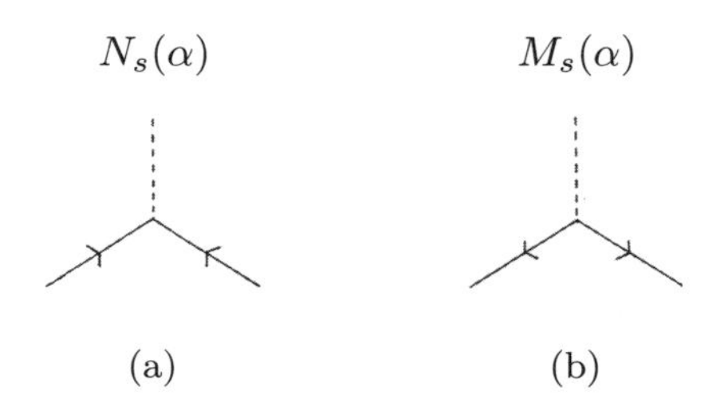

図 5.10　(a) 相互作用線が外へ出て行く頂点，(b) 中に入ってくる頂点．

$$K_s = \sum_{l,p} \left(\frac{U_a}{\beta} \frac{1}{(\epsilon_p - \mu) + i\frac{\pi l}{\beta}} \frac{1}{(\epsilon_{p+Q} - \mu) - i\frac{\pi(l+m)}{\beta}} \right)^s \qquad (5.125)$$

と定義する．（この K_s は，5.4.1 節の最初に述べた理由により，マイナス符号を含まない．この点が，ボース気体での $Z_V(\mu)$ の展開に表れた (4.12) の K_s とは異なる．）大きさ $2s$ の多角形は，泡グラフが入れ替え操作により s 回融合して出来たグラフなので，その回数 s はフェルミ統計が厳密に成り立つコヒーレントな領域の大きさを表す．この K_s を組み合わせて，より大きな多角形クラスターを構成しよう．

一般にフェルミ粒子からなる閉じたループを作ると，$H_{it}(\beta_1)\cdots H_{it}(\beta_n)$ 中の最初の $H_{it}(\beta_1)$ と最後の $H_{it}(\beta_n)$ を用いてプロパゲーターを作るに際して，奇数回の入れ替えが必要になるので，そこに負の符号が生じる．故に多角形のクラスターの中に，$2s$ 個の粒子からなるループ K_s が ν_s 個含まれる時には，このクラスターには因子 $(-1)^{\nu_s}$ が現れる．そこで $Z_V(\mu)$ を得る為に，可能なすべての $\prod_s(-K_s)^{\nu_s}$ の和を求めよう．すなわち $\{\nu_1, \nu_2, \ldots\}$ 中の各々の ν_s を，1 から ∞ まで変化させて，無限個の和 $\sum_{\{\nu_s\}}\prod_s(-K_s)^{\nu_s}$ を求める．しかし，この和は以下の条件を満たさねばならない．

5.4.1.4　多角形に対する制限

クラスター中の 1 つの多角形に注目しよう．この多角形の頂点には，図 5.10(a) の様に相互作用線（点線）に沿って，エネルギーと運動量が外へ出て行く頂点と，(b) の様にエネルギーと運動量が中へ入って来る頂点がある．多角形の各辺を作る粒子線は，エネルギーと運動量を運びながらこうした頂点を結んでいる．大きさ $2s$ の多角形において，エネルギーと運動量が外へ出て行く頂点の数を $N_s(\alpha)$，中に入ってくる頂点の数を $M_s(\alpha)$ としよう．ここで

$\alpha=(l,Q)$ は，頂点を通って相互作用線へ出入りするエネルギーと運動量を表す．図 5.7 から図 5.9 に見る様に，粒子の入れ替えによるグラフの融合は，最も簡単な泡グラフから始まる．この泡グラフでは，$\alpha=(l,Q)$ が外へ出て行く頂点の数 $N_s(\alpha)$ と，中に入ってくる頂点の数 $M_s(\alpha)$ が，共に 1 である．この泡グラフから出発して，粒子の入れ替え操作により大きな多角形が生じた場合でも，そこには $\alpha=(l,Q)$ が外へ出て行く頂点と，逆に中に入ってくる頂点が，同数個存在する．

$\{\nu_s\}$ なる分布を持つ多角形のクラスターにおいても，任意の α の $N_s(\alpha)$ と $M_s(\alpha)$ の間には，次の関係がある．多角形クラスターの内部では，エネルギーと運動量 α が多角形の間でやり取りされているが，外へ α だけ出て行く頂点の総数は，同じ α だけ入ってくる頂点の総数に等しい．

$$\sum_s \nu_s N_s(\alpha)=\sum_s \nu_s M_s(\alpha). \tag{5.126}$$

以下の節では，これを満たす様に $Z_V(\mu)$ を構成する．

5.4.2 大分配関数の構造

大分配関数 $Z_V(\mu)$ を得る為に，(5.125) の K_s を用いて多角形クラスターの寄与 $\prod_s(-K_s)^{\nu_s}$ を作り，クラスター中のすべての可能な分布 $\{\nu_s\}$ についての和 $\sum_{\{\nu_s\}}$ を求めよう．可能な分布の 1 つずつに，図 5.9 の様な幾何的なパターンが対応する．しかし $Z_V(\mu)$ に同じ寄与をするパターンは多くある．そこで，異なるダイアグラムを 1 度だけ勘定に入れる為に，以下の様な点に注意する．

(a) 多角形クラスターによる寄与 $(-K_s)^{\nu_s}$ では，ν_s 個の同じ大きさ s の多角形どうしは区別がつかない．故に $(-K_s)^{\nu_s}$ を $\nu_s!$ で割らねばならない．

(b) 個々の K_s に対して，角度 $2\pi/s$ の回転，および反転を行うと，皆同じパターンになる．これらを重複して数えない為に K_s を $2s$ で割らねばならない．

(c) 多角形クラスターの形が決まっても，各々の多角形に振動数と運動量を分布させるのには多くの可能性がある．クラスター内で α だけのエネルギーと運動量を運ぶすべての相互作用線の数 n_α は，先に定義した α が出入りする頂点の総数の半分なので

$$n_\alpha=\frac{1}{2}\sum_s \nu_s[N_s(\alpha)+M_s(\alpha)] \tag{5.127}$$

である．

(d) $\alpha=(l,Q)$ を運ぶ n_α 本の相互作用線は，多角形クラスター内の異なる位置にばら撒かれている．これには $n_\alpha!$ 通りの可能性がある．

これらを全て考慮して，以下の様な $Z_V(\mu)$ の表現

$$\frac{Z_V(\mu)}{Z_0} = \sum_{\{\nu_s\}} \prod_{\alpha} n_\alpha! \prod_{s}^{\infty} \frac{1}{\nu_s!} \left(\frac{-K_s}{2s} \right)^{\nu_s}, \tag{5.128}$$

を考える，ここで $\sum_{\{\nu_s\}}$ は，条件 (5.126) と (5.127) を満たす各整数 ν_s についての和を表す．

これら 2 つの条件を，以下の様に $Z_V(\mu)/Z_0$ に課そう．

(1) $n_\alpha!$ は積分表現

$$n_\alpha! = \int_0^\infty dt_\alpha t_\alpha^{n_\alpha} e^{-t_\alpha}, \tag{5.129}$$

を持っている．この $n_\alpha!$ を (5.128) に代入し，被積分関数 $t_\alpha^{n_\alpha}$ の n_α を，条件 (5.127) に置き換えると，

$$\frac{Z_V(\mu)}{Z_0} = \prod_{\alpha} \int_0^\infty dt_\alpha e^{-t_\alpha} \prod_{s}^{\infty} \sum_{\{\nu_s\}} \frac{1}{\nu_s!} \left(\frac{-K_s}{2s} \right)^{\nu_s} t_\alpha^{1/2 \sum_s [N_s(\alpha) + M_s(\alpha)]\nu_s} \tag{5.130}$$

を得る．右辺の t_α の冪には，ν_s 個の多角形の頂点の個数 $N_s(\alpha)$ と $M_s(\alpha)$ が現れている．これを，「$K_s^{\nu_s}$ 中の各多角形 K_s の各頂点に，因子 $t_\alpha^{1/2}$ を割り当てる」と解釈し，この $t_\alpha^{1/2}$ を含んだ K_s を後で定義する．

(2) もう 1 つの条件 (5.126) を取り入れるには，$Z_V(\mu)/Z_0$ に $\delta[\sum_s \nu_s N_s(\alpha) - \sum_s \nu_s M_s(\alpha)]$ を挿入すればよい．その為には δ 関数の積分表現

$$\delta[\sum_s \nu_s N_s(\alpha) - \sum_s \nu_s M_s(\alpha)] \tag{5.131}$$
$$= \frac{1}{2\pi} \int_0^{2\pi} d\theta_\alpha \exp\left(i\theta_\alpha \sum_s \nu_s [N_s(\alpha) - M_s(\alpha)] \right),$$

を用いる．この式を (5.130) の右辺にはさむと，「α だけのエネルギーと運動量が外へ出て行く頂点には，位相因子 $\exp(i\theta_\alpha)$ が現れ，逆に α だけ中に入る頂点には $\exp(-i\theta_\alpha)$ が現れる」と解釈出来る．

以上を考慮して $Z_V(\mu)/Z_0$ を書き直そう．(5.130) 中の $K_s^{\nu_s}$ と $t_\alpha^{(1/2)[N_s(\alpha)+M_s(\alpha)]\nu_s}$ を結びつけて，(5.125) の代わりに

$$\widehat{K}_s(t,\alpha) = \sum_{l,p} \left(-t_\alpha \frac{|U_a|}{\beta} \frac{1}{(\epsilon_p - \mu) + i\frac{\pi l}{\beta}} \frac{1}{(\epsilon_{p+Q} - \mu) - i\frac{\pi(l+m)}{\beta}} \right)^s \tag{5.132}$$

を定義する．ここで引力 $U_a < 0$ を，$-|U_a|$ と表した．この $\widehat{K}_s(t,\alpha)$ を (5.125) の K_s と比べると，2 つの $t_\alpha^{1/2}$ が 2 つの頂点に挿入されている事が分かる．この $\widehat{K}_s(t,\alpha)$ を用いて (5.130) を

$$\frac{Z_V(\mu)}{Z_0} = \frac{1}{2\pi}\prod_\alpha \int_0^\infty dt_\alpha \int_0^{2\pi} d\theta_\alpha e^{-t_\alpha} \prod_s^\infty \sum_{\nu_s} \frac{1}{\nu_s!}\left(\frac{-\widehat{K}_s(t,\alpha)}{2s}\right)^{\nu_s} \tag{5.133}$$

と書き直そう．この右辺の ν_s についての和は，(5.128) とは異なり何の制限も受けていない．そこで異なる ν_s について，独立に無限大までの和 $(\nu_s = 1, \ldots, \infty)$ を取る事が許されて，$Z_V(\mu)$ は簡単に

$$\frac{Z_V(\mu)}{Z_0} = \prod_\alpha \int_0^\infty dt_\alpha \exp\left(-t_\alpha - \sum_s \frac{1}{2s}\widehat{K}_s(t,\alpha)\right) \tag{5.134}$$

となる（$\prod_s$ は指数部の $\sum_s$ に変わった）[62][64]．この式は (5.123) の $Z_V(\mu)$ の特別な場合であるが，特に引力相互作用するフェルミ粒子系に有用である．以下の様に，(5.134) の右辺の指数部をまとめて表す $-Y(t)$，すなわち

$$Y(t) = \sum_\alpha t_\alpha + \sum_{s,\alpha}\frac{1}{2s}\sum_{l,p}\left(-t_\alpha\frac{|U_a|}{\beta}\frac{1}{(\epsilon_p-\mu)+i\dfrac{\pi l}{\beta}}\frac{1}{(\epsilon_{-p+Q}-\mu)-i\dfrac{\pi(l+m)}{\beta}}\right)^s \tag{5.135}$$

を定義する．

5.4.3 正常相

$Z_V(\mu)$ を相互作用 U_a についての摂動級数で表した時，正常相では，摂動級数の低次の項を用いれば，すべての物理量が良く近似出来る．低い次数の U_a からなる，つまり小さな多角形からなるダイアグラムで表される多体波動関数が，正常相の基底状態の主な構成要素である．この事は (5.134) を見ると，以下の様に解釈出来る．鞍点法によれば，(5.134) 中の $\exp[-Y(t)]$ 中の $Y(t)$ の極小点が，Z_V への主な寄与を与える．変数 t_α は (5.135) では常に $|U_a|t_\alpha$ の形で現れるので，$Y(t)$ を U_a について冪展開すれば，それは常に t_α についての冪展開でもある．$Y(t)$ が $t_\alpha = 0$ で極小値を持つならば，$t_\alpha = 0$ のまわりの被積分関数が $Z_V(\mu)$ への主な寄与を与え，これが正常相に対応する．

$Y(t)$ の右辺第 2 項で t_α に比例する項は，冪指数 $s = 1$ の

$$-|U_a|\frac{t_\alpha}{2\beta}\sum_{l,p}\frac{1}{(\epsilon_p-\mu)+i\dfrac{\pi l}{\beta}}\frac{1}{(\epsilon_{-p+Q}-\mu)-i\dfrac{\pi(l+m)}{\beta}} \equiv -|U_a|t_\alpha\lambda_\alpha, \tag{5.136}$$

の泡グラフである．この泡グラフは，

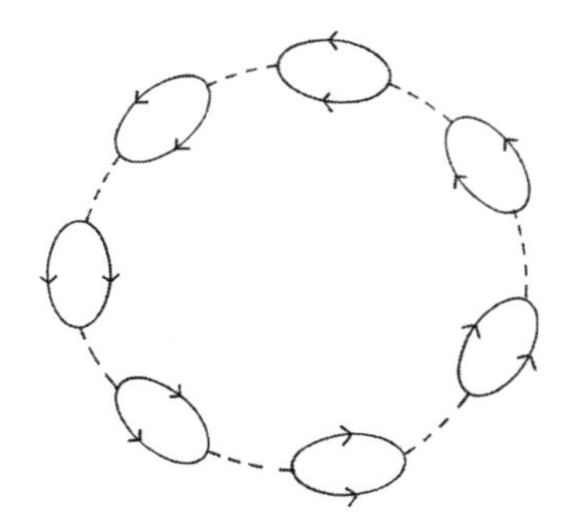

図 5.11　泡図形のリング.

$$Y(t) \cong \sum_\alpha (1 - |U_a|\lambda_\alpha) t_\alpha \tag{5.137}$$

の様に，$Y(t)$ の $t_a = 0$ のまわりの展開の第 1 項を与える．正常相が安定である，つまり $Y(t)$ が $t_\alpha = 0$ で極小値を持つならば，すべての α について $1 - |U_a|\lambda_\alpha > 0$ が成り立つ．この時 Z_V/Z_0 は

$$\frac{Z_V}{Z_0} = \prod_\alpha \int_0^\infty dt_\alpha \exp[-\sum_\alpha t_\alpha(1 - |U_a|\lambda_\alpha)] = \prod_\alpha \frac{1}{1 - |U_a|\lambda_\alpha} \tag{5.138}$$

と簡単になる．これは，図 5.11 に示す様な泡グラフの鎖型のリングの集まりである．引力相互作用するフェルミ粒子系の正常相には，このダイアグラムが多数現れる．(5.136) で定義される λ_α では，$\alpha = (m, Q)$ が小さくなるにつれて λ_α は増大し，$1 - |U_a|\lambda_\alpha$ は $\alpha = (0, 0)$ で最小となる．温度を下げていくと，正常相安定の条件 $1 - |U_a|\lambda_\alpha > 0$ は，様々な α の中で $\alpha = (0, 0)$ で最初に破れる．超伝導相への転移温度 T_c は，$1 - |U_a|\lambda_{\alpha=0} = 0$，すなわち

$$\frac{|U_a|}{2\beta_c} \sum_{l,p} \frac{1}{(\epsilon_p - \mu)^2 + \frac{(\pi l)^2}{\beta_c^2}} = \frac{|U_a|}{2} \sum_p \frac{1}{\epsilon_p - \mu} \tanh \frac{\beta_c(\epsilon_p - \mu)}{2} = 1 \tag{5.139}$$

により決まる．$\epsilon_p - \mu$ をフェルミ面からのエネルギー ϵ に取ると，これは $T = T_c$ での BCS 理論のギャップ方程式 (5.86) である．$T < T_c$ では，別の基底状態を見つけねばならない．

5.4.4　超伝導相

金属の温度を下げると，より注意深くフェルミ統計を大分配関数に取り入れ

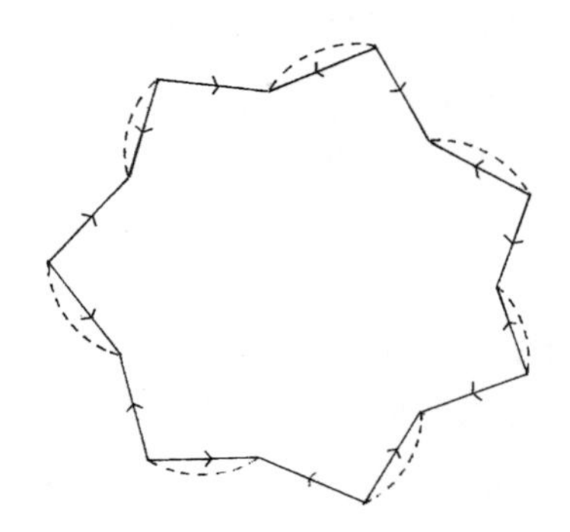

図 5.12　入れ替え操作の結果としての巨大な 1 つの多角形.

る事が必要になる．$T = 0$ K では，多体波動関数は粒子の入れ替え操作に対して反対称となり，正常相を表すリングダイアグラムは大きな影響を受ける．図 5.11 のリング上の泡グラフを，図 5.8 の様に 1 つずつ構成粒子を入れ替えて融合させるならば，図 5.12 の様な巨大な多角形のグラフが出来上がる．同じクラスター内で異なる多角形が融合しても，異なるクラスター間で（図 5.9 の様に）粒子を交換して融合しても，巨大な多角形が出来上がる．

運動量空間での多角形のグラフの大きさ（その辺の数）は，コヒーレントな波動関数の座標空間での広がりを反映する．系の温度を下げていくと，より大きなコヒーレントな波動関数が重要な役割りを果たす様になる．気体液体転移は座標空間での構造的な変化であるのに対し，超伝導転移とは運動量空間での「構造的な変化 」である．Z_V の摂動展開にはそれを反映して，小さな多角形を繋ぎ合わせて出来た巨大な多角形のダイアグラムが現れる．($s = 7$ での図 5.11 から図 5.12 への変化はその 1 例である．）$Z_V(\mu)$ は様々な α 成分を含むが，この構造変化が最初に現れるのは，正常相安定の条件が最初に破れる (5.135) の $\alpha = 0$，つまり $Q = 0$ と $m = 0$ の項である．従ってそこに現れる大きな多角形のダイアグラムは，運動量 p と $-p$ を持つ多くの電子の対から出来ている．(この超伝導の定式化では，今まであからさまにクーパー対を想定してはいないが，ここでクーパー対の概念が顔を出す.）

温度が下がるにつれて，$Y(t)$ の展開 (5.137) において，$1 - |U_a|\lambda_{\alpha=0}$ は減少する．ひとたび $1 - |U_a|\lambda_{\alpha=0} < 0$ となれば，$Y(t)$ の極小値は，$t_0 = 0$ ではなく有限の t_0 から生じる．その時 (5.135) の $Y(t)$ は，

$$Y(t_0) = t_0 + \sum_s \frac{1}{2s} \sum_{l,p} \left(-\frac{|U_a|t_0}{\beta} \frac{1}{(\epsilon_p - \mu)^2 + \left(\dfrac{\pi l}{\beta}\right)^2} \right)^s \qquad (5.140)$$

となる．それに応じて (5.134) の大分配関数は，$Y(t)$ 中の巨視的な大きさを持つ多角形ダイアグラムに支配され，

$$\frac{Z_V(\mu)}{Z_0} = \int_0^\infty dt_0 \exp[-Y(t_0)] \tag{5.141}$$

となる．理想ボース気体の $Z_0(\mu)$ (3.98) と比べると，(5.141) は複雑な形をしている．従って超伝導の場合には，コヒーレントな多体波動関数のサイズ分布と解釈出来る量を，ボース系での $h(s)$ の様に見つけるのは困難である．

大きな多角形ダイアグラムで表される状態を具体的に求めよう．その為に，(5.140) の s についての和を ∞ まで取る．

$$-\sum_{s=1}^{\infty} \frac{(-x)^s}{s} = \ln(1+x), \tag{5.142}$$

を用いて，無限大の大きさの多角形までの和を取った

$$Y(t_0) = t_0 - \frac{1}{2}\sum_{l,p} \ln\left(1 + \frac{|U_a|t_0}{\beta}\frac{1}{(\epsilon_p-\mu)^2 + \left(\frac{\pi l}{\beta}\right)^2}\right) \tag{5.143}$$

を得る．この l についての和を

$$Y(t_0) = t_0 - \frac{1}{2}\sum_{p} \ln \frac{\prod_l^\infty \left[(\epsilon_p-\mu)^2 + \left(\frac{\pi l}{\beta}\right)^2 + \frac{|U_a|t_0}{\beta}\right]}{\prod_l^\infty \left[(\epsilon_p-\mu)^2 + \left(\frac{\pi l}{\beta}\right)^2\right]}, \tag{5.144}$$

と表し，恒等式

$$\prod_{n=1}^{\infty}\left(1 + \frac{z^2}{(2n-1)^2}\right) = \cosh\frac{\pi z}{2}, \tag{5.145}$$

を用いて，

$$Y(t_0) = t_0 - \frac{1}{2}\sum_{p} \ln\left(\frac{\cosh\frac{\beta}{2}\sqrt{(\epsilon_p-\mu)^2 + \frac{|U_a|t_0}{\beta}}}{\cosh\frac{\beta}{2}(\epsilon_p-\mu)}\right) \tag{5.146}$$

と変形する．$Y(t)$ の極小値に対応する t_0 を，$\partial Y(t_0)/\partial t_0 = 0$ より求めて

$$1 = \frac{|U_a|}{2}\sum_{p} \frac{\tanh\frac{\beta}{2}\sqrt{(\epsilon_p-\mu)^2 + \frac{|U_a|t_0}{\beta}}}{\sqrt{(\epsilon_p-\mu)^2 + \frac{|U_a|t_0}{\beta}}} \tag{5.147}$$

を得る．この式より，$Y(t)$ の $t_0 = 0$ 以外の新しい極小点 t_0 が決まり，正常相

以外の新しい基底状態を得る．根号内の $|U_a|t_0/\beta$ を，秩序変数の 2 乗 Δ^2 と見なすならば，これはそのまま $\epsilon_p - \mu = \epsilon$ とした BCS ギャップ方程式 (5.85) になる．

(1) ここでは，秩序変数 $\sqrt{|U_a|t_0/\beta} = \Delta$ が，BCS 理論での相互作用の項

$$-|U_a| \sum_k \langle f_{k\uparrow} f_{-k\downarrow} \rangle f_{l\uparrow}^\dagger f_{-l\downarrow}^\dagger \tag{5.148}$$

を参照せずに定義されている．ギャップ方程式は，低温でのフェルミ統計の描像のみに導かれて，BCS 基底状態の具体的な形なしに導かれた．しかし BCS 基底状態の比類のない価値は，強力な近似法を与えるという以外に，超伝導相の基底状態の直感的なイメージを我々に与えた点にある．研究史を現在から振り返ると，このイメージなしには，超伝導のより詳しい計算を先に進める事は出来なかったであろう．

(2) (5.133) には位相因子 $\exp(i\theta_\alpha)$ が現れた．しかし孤立した系では，相互作用線が外へ出て行く頂点の数と，中に入っていく頂点の数は等しいので，基底状態を求める議論では，これらの位相因子は打ち消し合い被積分関数からは消えてしまう．この位相 θ は，量子流体を特徴付ける重要な量であるけれども，孤立した単一の超伝導体に関する限り，何ら重要な役割りを果たさない．位相 θ の重要性は，ジョセフソン接合の様な開いた系で明らかになる．

(3) (5.146) を大分配関数 (5.141) に用いると，巨視的なコヒーレンスを保持しつつ引力相互作用するフェルミ気体の大分配関数

$$Z_V(\mu) = Z_0 \int_0^\infty dt e^{-t} \times \prod_{p=0} \left(\frac{\cosh \dfrac{\beta}{2} \sqrt{(\epsilon_p - \mu)^2 + \dfrac{|U_a|t}{\beta}}}{\cosh \dfrac{\beta}{2} (\epsilon_p - \mu)} \right)^2 , \tag{5.149}$$

を得る[62][64]．この大分配関数は BCS 模型と等価であり，必ずしも実用上役に立つ訳ではない．しかし，超伝導を統計力学の観点から考える際には有用であり，次の第 6 章で行う様に，フェルミ気体の液体への転移の可能性を論じる際には，その出発点になる．

5.5 超伝導転移の特質

以上に述べた大分配関数 $Z_V(\mu)$ を摂動論的に導く超伝導の定式化は，3.3 節で述べた理想ボース気体のボース凝縮の配位空間での定式化と似ている．いずれも温度が下がるにつれて，コヒーレントな多体波動関数が多くの粒子を含む様になる点に焦点を当てる．図 3.5 では，粒子を表す丸と，入れ替え操作を表す矢印により出来る多角形を用いて，配位空間でのボース粒子の波動関数を表

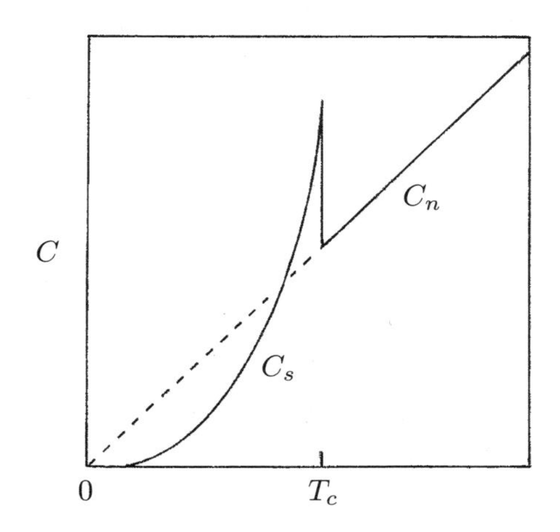

図 5.13　超伝導体の比熱 C_s の典型的な温度依存性．C_n は正常相の金属の比熱を表す．これを液体ヘリウム 4 の比熱 C（図 3.4）と比較せよ．

した．他方，図 5.12 では，同じ状態にある粒子を入れ替えて出来た大きな多角形を用いて，運動量空間でのフェルミ粒子の多体波動関数を表した．しかしながら，その形式上の類似性にも拘わらず，両者には次の様な物理的な相違点がある．

(1) 金属の超伝導転移では，ひとたび 2 つの電子がクーパー対として準ボース粒子の性質を得ると，小さな質量の準ボース粒子がボース凝縮を行うには，その密度はすでに十分に高く，その温度 T_c はすでに十分に低い．従って，系は直ちに超伝導状態へと転移する．それに応じて，分配関数 $Z_V(\mu)$ の中で支配的なダイアグラムは，泡グラフの鎖型（図 5.11）から，単一の大きな多角形の型（図 5.12）へと突如に変化する．この転移は，徐々に起きる変化の集積としてではなく，主要なダイアグラムが突然に交代して起きる．故に超伝導転移では，（液体ヘリウム 4 の T_λ の直上で観測される様な）コヒーレントな波動関数の段階的な成長は観測されない．この点は，図 5.13 に示す超伝導金属の比熱の温度依存性に見て取れる．

(a) $T > T_c$ で温度を下げていくと，金属の比熱は正常相に特徴的な線形の温度依存性 $C_n = \gamma T$ から，T_c で突然に指数関数型の $C_s = \gamma T_c a \exp(-bT_c/T)$ に変化する．（理想フェルミ気体の場合は $\gamma = (2\pi^2/3)N(0)k_B^2$．）

(b) T_c の直上では，転移による比熱 C のゆるやかな増大は起きない．これは液体ヘリウム 4 の $C(T)$（図 3.4）で，徐々に発達する多体波動関数を反映して，$C(T)$ が徐々に増加するのとは著しく異なる．（更にボース系とフェルミ系の違いは，2 つの系の力学的応答，(a) ボース系でのずれ粘性率，(b) 荷電フェルミ系での電気抵抗率，などの温度依存性にも現れる.)

(2) 液体ヘリウム 4 の λ 転移では，粒子間相互作用は転移の直接の原因ではなく，それに影響だけを与える．この意味では，λ 転移は特異な相転移である．その為に，平均場近似は限られた有効性しか持たない．他方，超伝導転移は 2 つのフェルミ粒子間の引力相互作用により引き起こされるので，平均場近似が有効である．そこでは平均場近似が有効でなくなる T_c 前後の臨界領域は，他の 2 次相転移と同様に極めて狭い．相転移論の観点からすれば，ヘリウム 4 の λ 転移とは対照的に，超伝導転移は典型的な 2 次相転移である．

(3) ボース系とフェルミ系のこれらの固有の違いに加えて，それが実現する環境にも以下の様な違いがある．液体ヘリウム 4 は，不純物を含まない自然界で最もクリーンな物質系の 1 つである．その為に，ボース液体の理想的な環境を容易に実験で用意する事が出来る．普通の実験条件での液体ヘリウム 4 では，流体力学的な取り扱いが常に有効である．それに比べると，金属は不純物を含むので，はるかに不均一な系である．不純物による散乱と格子の振動の為に，電子は様々な長さの平均自由行程 l を持つ．それに応じて，様々なタイプの伝導電子系，例えば激しい散乱により短い l を持つ「汚れた金属」や，自由電子に近い長い l を持つ「清浄金属」，を用意する事が出来る．一般に，電子系の流体力学的な取り扱いが，「汚れた金属」の場合に有効であるのに対して，無衝突の気体としての取り扱いが，「清浄金属」の場合には有効である．**金属の超伝導とは，この様な不均一な環境に現れる現象なので，元々の正常相の金属が持つ多様な性質が，そこに生じる超伝導電流の性質にも反映する．この点で金属電子の超伝導は，液体ヘリウム 4 の超流動には見られないユニークな多様性を持っている．**

(4) クーパー対は，電子 1 個に比べれば空間的に広がった現象であるので，超伝導には非局所的な効果が現れる．外部から磁場 $\boldsymbol{H}$ を加えると，秩序変数 $\Delta(\boldsymbol{r})$ はコヒーレンス長と呼ばれる距離 ξ にわたって徐々に変化する．大きな ξ を持つ超伝導体では，秩序変数の大きさは空間的には不均一であり，外部磁場 $\boldsymbol{H}$ に対して複雑な応答をする．それが最も顕著なのは，磁場の侵入長 λ がコヒーレンス長 ξ よりも大きい第 2 種超伝導体の場合である．加える磁場 $\boldsymbol{H}$ を大きくしていくと，磁場は次第に第 2 種超伝導体の中に侵入していく．一見すると，この性質は超伝導の本質的な特徴，即ち転移温度 T_c で起きる正常相から超伝導相への突然の変化とは，正反対の印象を与える．しかし，**これは金属の正常相が持つ多様性に由来する複雑さであって，T_c での急激な変化という超伝導の本質的な特徴と混同してはならない．**

第 6 章
フェルミ気体の液体への相転移の可能性

第 4 章では，気体ヘリウム 4 に起きる量子気体液体相転移を論じた．引力の働くボース粒子系で温度を下げていくと，負の化学ポテンシャル μ は次第に零に近づき，その途上で気体から液体への相転移が起きる．これと比べると，引力の働くフェルミ粒子系に起きる現象は，はるかに多様で複雑である．フェルミ気体の温度を下げていくと，そこに起きる現象は，フェルミ粒子の質量 m とその引力の性質に強く依存する．

(1) フェルミ粒子の質量が陽子や中性子の様に大きい場合は，その気体中の粒子間の引力を強くしていくと，液体への相転移が起きる前に，強く束縛された分子が気体中に出来る．（ヘリウムの原子は陽子と中性子と電子からなる分子である．）

(1a) この分子がヘリウム 4 の様にボース粒子ならば，更に温度を下げていくと，第 4 章で見た様に分子の間に働く引力が量子気体液体相転移を引き起す．

(1b) この分子がヘリウム 3 の様にフェルミ粒子ならば，その正の化学ポテンシャル μ は，低温においても依然として大きな値を持っている．そこにもし液体への相転移が起きるならば，それは第 1 章で見た古典気体の液体への相転移と共通な特徴を持つはずである．ヘリウム 3 の相図を見ると，気体と液体の間の凝縮線の温度（1 気圧で 3.2 K）は，液体相で起きる超流動転移の温度 (2.6 mK) よりも 1000 倍以上も高い．（これは図 4.1 のヘリウム 4 の相図で，両温度が同程度であるのとは対照的である．）従って，気体ヘリウム 3 の液体への相転移は，量子統計が主役を演じる超流動転移の温度と大きく離れた温度で起きるので，この液体への転移にどの程度に量子統計が影響しているか? は，はっきりとしない．むしろ**ヘリウム 3 での気体液体相転移は，古典的な気体液体相転移である可能性がある．**

(2) フェルミ粒子の質量が電子の様に小さい場合は，引力が働いても粒子は自由粒子としての性格を保ち，系はひとまず気体のままで BCS 基底状態に落ち着くであろう．更にこの引力を強くしていくと，系がどう変化するか? は興味ある問題である．この章では様々な可能性のうち，まず (2) の場合を選び，主に理論的興味から，引力相互作用する質量の小さなフェルミ粒子系が，量子気体液体相転移を起こす可能性について考える．

第 4 章のボース粒子系の量子気体液体相転移の理論では，大分配関数の摂動展開を考えた．フェルミ粒子系での量子気体液体相転移の可能性を探る為には，それをフェルミ統計に書き換えねばならない．フェルミ粒子間にいかに弱い引力が働いても，クーパー不安定性が生じる事を考えると，気体液体相転移を考える際にも，対引力相互作用

$$H_{it} = U_a \sum_{k,k'} \sum_{\sigma,\sigma'} f^{\dagger}_{k'\sigma} f^{\dagger}_{-k'\sigma'} f_{k\sigma'} f_{-k\sigma}, \qquad (U_a < 0) \tag{6.1}$$

をするフェルミ気体から出発するのが適当である．

気体液体相転移は，P–V 相図での非連続な変化に現れる．圧力 P と密度 ρ は

$$\frac{P}{k_B T} = \lim_{V\to\infty} \frac{\ln Z_V(\mu)}{V}, \tag{6.2}$$

$$\frac{\rho}{k_B T} = \lim_{V\to\infty} \frac{\partial}{\partial\mu}\left(\frac{\ln Z_V(\mu)}{V}\right) \tag{6.3}$$

で与えられる．P と ρ に特異な振る舞いを引き起こす大分配関数 $Z_V(\mu)$ の性質には，2 つの可能性，(1) $Z_V(\mu) \to 0$，又は (2) $Z_V(\mu) \to \infty$ がある．5.4 節で得られた引力相互作用するフェルミ粒子系の大分配関数 $Z_V(\mu)$ を用いて，6.1 節では $Z_V(\mu) = 0$ を満たす複素平面上の μ を調べる．結論から述べると，BCS 理論の範囲内で引力相互作用をいかに強くしても，そこに気体液体相転移は起きない．6.2 節ではボース系での議論に倣って，フェルミ系で $Z_V(\mu) \to \infty$ となる可能性について検討する．そこには，古典気体の気体液体相転移と共通する側面が現れる．6.3 節では上記の (1) の場合を選び，液体への相転移を伴わずに，クーパー対から強く束縛されたボース粒子へと変化する可能性について，その物理的な描像を簡単に論じる．

6.1 BCS 気体の複素平面上の大分配関数の零点

BCS 模型で引力を強くしていくと，$Z_V(\mu) \to 0$ が起きる可能性があるか? を調べよう．1.4 節で述べた様に，ヤンとリーの複素平面を用いた気体液体相転移の定義は，古典的な系に適用された．そこでは (1.39) の $\xi = (2\pi mkT/h^2)^{1.5}\exp(\mu/kT)$ を変数として，気体液体相転移の可能性が検討された．彼らの議論は広い一般性を持つので，この気体液体相転移の定義は量子系についても可能である．図 1.4 に描いた彼らの結果を，化学ポテンシャル μ を変数として要約しよう．すべての正の実数の μ において，(6.2) と (6.3) の $Z_V(\mu)/V$ は，$V \to \infty$ ではその試料の形状に依存しない μ の関数に近づく．

この関数が，μ の連続的な単調増加関数であり μ について微分可能ならば，(6.2) と (6.3) で与えられる P–V 曲線は連続な曲線である．これは，系が単一な相に留まる事を意味する．しかし $Z(\mu)=\lim_{V\to\infty} Z_V(\mu)/V$ を，複素数 μ の解析関数と考えるならば，$\ln Z(\mu)$ は，以下の様に非連続になる可能性がある．模型の解として得られた $Z_V(\mu)$ は複素数 μ の多項式であるので，複素平面上には $Z_V(\mu)=0$ となる零点がいくつか存在する．複素 μ 平面上にある $Z_V(\mu)$ の零点が，$V\to\infty$ となるにつれて，正の実軸上の点 $\mu=\mu_0$ に近づくならば，実軸上の $\mu=\mu_0$ で，$Z(\mu)$ は連続ではあるが微分不可能になる．これは (6.2) と (6.3) から描かれる P–V 曲線に非連続な変化が起きる事を意味し，気体液体相転移が起きる．（ヤン–リーの気体液体相転移の定義.）故に $Z_V(\mu)$ の複素平面上での零点の分布は，気体液体相転移について鍵となる情報を含んでいる．

我々の問題は，クーパー対から出発して引力相互作用を強くしていけば，果たしてそこに気体液体相転移が起きるか? である．これを見る為には，5.4 節で得た運動量空間での大分配関数 $Z_V(\mu)$ を基礎にしてクーパー対を考察せねばならない．(5.149) の $Z_V(\mu)$ を複素 μ 平面で考えよう．

$$Z_V(\mu)=Z_0\int_0^\infty dte^{-t}\times\prod_{p=0}\left(\frac{\cosh\dfrac{\beta}{2}\sqrt{(\epsilon_p-\mu)^2+\dfrac{|U_a|t}{\beta}}}{\cosh\dfrac{\beta}{2}(\epsilon_p-\mu)}\right)^2 . \tag{6.4}$$

フェルミ粒子系では，化学ポテンシャル μ はフェルミエネルギー ϵ_F に近い値を持っている．上の $Z_V(\mu)$ は異なる p 成分の積 $(0<p<p_F)$ であるので，

$$\frac{\beta}{2}\sqrt{(\epsilon_p-\mu)^2+\Delta^2}=i(n+\frac{1}{2})\pi, \tag{6.5}$$

を満たす多くの μ が複素平面には存在する．この μ は

$$\mu=\epsilon_p\pm i\sqrt{\Delta^2+\left[\frac{(2n+1)\pi}{\beta}\right]^2} \tag{6.6}$$

で与えられ，これが $Z_V(\mu)$ の零点である．こうした零点は，図 6.1 の複素 μ 平面では，水平な線の集まりとして図示される．**引力相互作用 $|U_a|$ が大きくなるにつれて秩序変数 Δ は増加するが，それに応じて図 6.1 の零点の線は実軸から離れていく．従って BCS 模型に従っている限り，引力を強くしても気体液体相転移は起きない**[65]．

一見したところ，この結論は対相互作用 (6.1) の具体的な形に由来している様に見える．U_a は運動量に依らないので，それは座標空間では δ 関数型の相互作用である．しかしこれは真の理由ではなく，真の理由はむしろ BCS 模型の自己無撞着機構に求めねばならない．5.4 節で論じた様に，大分配関数

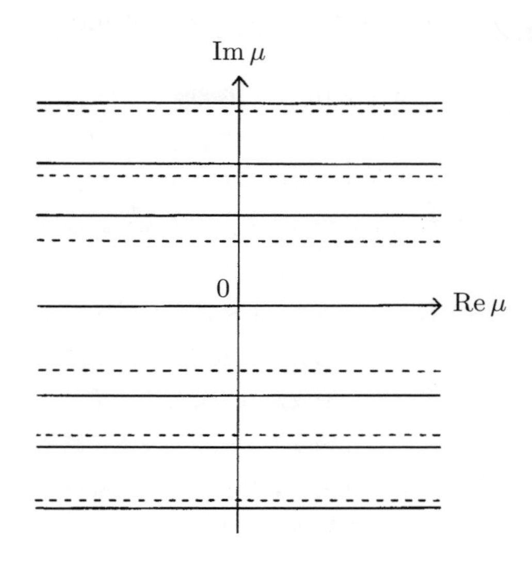

図 6.1　大分配関数の零点の集合（水平の実線）．点線は $\mu = \pm i(2n+1)\pi/\beta$ を表す．（cf. [65].）

$Z_V(\mu)$ を用いるならば，BCS 基底状態

$$\Phi_{BCS} = \prod_k (u_k + v_k e^{i\theta} f^\dagger_{k\uparrow} f^\dagger_{-k\downarrow})|0\rangle \tag{6.7}$$

は，必ずしも超伝導の性質を導くのに必要ではない．むしろこの基底状態の意義は，自己無撞着機構の姿を直観的に説明する点にある．この基底状態では，状態 $(k\uparrow)$ が電子に占められた時には，もう 1 つの状態 $(-k\downarrow)$ も常に占められており，状態 $(k\uparrow)$ が空いている時は，もう 1 つの状態 $(-k\downarrow)$ もまた常に空いている．BCS 基底状態とは，こうした占拠された k，あるいは空白の k の様々な組み合わせについて，それらを重ね合わせた状態である．この重ね合わせの際の重みとして，異なる k 成分の単なる積が用いられる．この為に，異なる運動量を持つクーパー対の間の相関は無視されている．従って，たとえ強結合 U_a の領域であっても，異なるクーパー対は互いに独立に動いている．気体液体相転移が強い協同現象である以上，この様な系では気体液体相転移は起こらない．確かに座標空間では，波動関数のオーバーラップによるクーパー対どうしの相関がある．しかし超伝導とは運動量空間で生まれた秩序であるので，超伝導状態を経由して気体から液体へと至る過程があるとすれば，それに必要なのは運動量空間でのクーパー対どうしの相関である．つまり BCS 模型という簡単なモデルから出発する限りは，たとえ強い引力を仮定しても気体液体相転移は不可能である．（BCS 模型にこのクーパー対どうしの相関を取り入れる試みは，転移温度付近[66]，および全温度領域で行われている[67][68]．）

6.2 フェルミ気体の大分配関数の正則領域

もし単純なBCS基底状態ではなく，他の型の多体波動関数，例えば引力が与えられたパラメーターではなく，フェルミ粒子の運動自体から決まる様な引力の下での多体波動関数から出発して，その引力を強くしていけば，異なる結果を期待出来るであろう．引力が単純な2体力ではなく多体力ならば，クーパー対を作る事で相互作用を完全に対角化する事が出来ず，クーパー対の間に残留力が残る．元々のBCS模型とは異なり，異なる運動量を持つクーパー対は独立して運動するのではなく，その間に強い相関が現れる．この様な場合では，超伝導状態の形成が対相互作用を変化させ，その対相互作用が改めて超伝導状態を決めるというフィードバックの機構が現れる（多体的引力）．BCS模型をこの方向に拡張する試みは，超流動ヘリウム3におけるスピン揺らぎフィードバック効果の初期の研究にまで遡る[66]．理論をこの方向に一般化する事も可能である[67]．このフィードバック効果を引き起こす多体的引力から生まれたクーパー対で，引力を徐々に強くしていくならば，その途上で気体液体相転移が起きる可能性がある．この可能性を調べる為には，(6.4)に代わる新しい大分配関数$Z_V(\mu)$を求めねばならない．しかしこの様な定式化は，複雑なものになるであろう．従って(6.4)の様に，簡潔な$Z_V(\mu)$の表現を得る見込みは薄い．複素平面上の大分配関数を求める6.1節の議論を，多体的引力に拡張する方針を諦めるならば，$Z_V(\mu)$の摂動展開を求め，それを注意深く評価する方法が残されている．

6.2.1 摂動展開

第4章では，ボース気体の大分配関数の正則領域を調べ，$Z_V(\mu) \to \infty$となり気体が不安定になる仕組みを論じた．同様にフェルミ気体の大分配関数の正則領域を調べて，$Z_V(\mu) \to \infty$を示す可能性を論じよう．フェルミ気体の大分配関数$Z_V(\mu)$の汎関数積分もまた，摂動展開

$$Z_V(\mu) = Z_0(\mu) \sum_{n=0}^{\infty} \frac{(-1)^n}{n!} \int_0^\beta d\beta_1 \cdots \int_0^\beta d\beta_n \langle T H_{it}(\beta_1) \cdots H_{it}(\beta_n) \rangle$$

で表される．ここでの相互作用H_{it}は，フェルミ粒子間の対引力相互作用(6.1)を表す．第4章と同様に，$Z_V(\mu)$のlinked-cluster展開から始めよう．$Z_V(\mu)$は，次数の異なる繋がったダイアグラムΞ_mの積に分解される．

$$Z_V(\mu) = Z_0(\mu) \exp(\Xi_1 + \Xi_2 + \cdots). \tag{6.8}$$

ここでΞ_mは

$$\Xi_m = \frac{(-1)^m}{m!} \times \int_0^\beta d\beta_1 \cdots \int_0^\beta d\beta_m \langle T H_{it}(\beta_1) \cdots H_{it}(\beta_m) \rangle_{\rm con} \tag{6.9}$$

である．粒子はフェルミ統計に従うので，その入れ替え操作をするたびに波動関数の符号が逆転する．ボース粒子の場合の図 5.7 の様に，異なる泡グラフに属する 2 つのフェルミ粒子（p と p'）を考えよう．それらが同じ運動量 $(p = p')$ を持つ時に粒子を入れ替えると，負の符号を持つ四角形の新しいダイアグラムが現れる[62][64]．引力相互作用するフェルミ気体の繋がった m 次のダイアグラム Ξ_m は，ボース気体の場合の (4.11) と良く似た構造

$$\Xi_m = V\frac{1}{m!}\sum_{\{\nu_s\}} D_m(\nu_1, \ldots, \nu_s, \ldots)K_1^{\nu_1}\cdots K_s^{\nu_s}\cdots, \tag{6.10}$$

を持ち，大きさ $2s$ の多角形で表現される K_s も，ボース粒子の場合の (4.12) と似た構造を持つ．

しかしボース気体とフェルミ気体の間には，以下の様な本質的な違いがある．ボース粒子の場合は，(6.9) 中の負の符号 $(-1)^m$ は，$m = \sum_s s\nu_s$ であるので，(4.10) の K_s に吸収され，(4.12) の K_s の括弧の中に $-U_a$ が生まれた．しかしフェルミ粒子の場合は，5.4.1 節で論じた様に，H_{it} をプロパゲーターの積に変形する際に，フェルミ統計の為に更に符号の変化が生じ，(4.12) 中の $-U_a$ の負の符号と打ち消し合う．その結果，フェルミ粒子の K_s は，(5.125) の様になった．温度を下げていくと，2 つのフェルミ粒子は，反対方向の運動量を持つクーパー対を作る性質があるので，$Q = 0$ とすると

$$K_s = \sum_{l,p}\left(U_a\frac{1}{\beta}\frac{1}{(\epsilon_p - \mu)^2 + \left(\dfrac{\pi l}{\beta}\right)^2}\right)^s \equiv \sum_{l,p} x(p,l)^s \tag{6.11}$$

を得る．この K_s を (6.10) の Ξ_m の右辺に用いると，大分配関数へのフェルミ統計の効果が，以下の様にボース統計の場合とは異なる事が明らかになる[41]．

6.2.2 フェルミ統計の効果

6.2.2.1 交代級数

引力 $(U_a < 0)$ を及ぼし合うボース粒子系では，(4.12) の K_s は正の量であり，(4.11) の $\Xi_1 + \Xi_2 + \Xi_3 + \cdots$ は正項級数であった．しかし引力 $U_a < 0$ を及ぼしあうフェルミ粒子系では，(6.11) 中の K_s は $(-1)^s$ に比例し，多角形の大きさ s が偶数か奇数かによってその符号を変える．故に (6.10) の Ξ_m の符号は $(-1)^{\sum_s s\nu_s}$ に比例し，$m = \sum_s s\nu_s$ が偶数であるか奇数であるかによって振動する．つまり (6.8) 中の $\Xi_1 + \Xi_2 + \Xi_3 + \cdots$ は交代級数である．そこでは反対の符号を持つ Ξ_m どうしの打ち消し合いが起きるので，ボース粒子の場合の様に，Ξ_m の上端と下端を用いて (6.8) の $Z_V(\mu)$ を挟む不等式を設定する訳にはいかない．Ξ_m に主なる寄与をするのは，大きな D_m を持つ項ではなく，むしろ図 5.9 の様なすべての可能な $K_1^{\nu_1}\cdots K_s^{\nu_s}$ 型のクラスターの作る項

である．故に，これらを注意深く勘定せねばならない．この意味では，古典気体の液体への相転移とフェルミ気体の液体への相転移は，両者とも簡単な近似を許さないという共通の側面を持っている．引力相互作用するフェルミ気体の $\Xi_1 + \Xi_2 + \Xi_3 + \cdots$ の厳密な形を求める*1)，あるいは不等式を応用してその大きさを評価する，というのは将来に残された難しい課題である．

6.2.2.2 運動量の分布

ボース粒子系は，4.1.2 節で見た様に，温度を下げると異なる K_s が共通の運動量を持つ傾向を示す．それとは対照的に，フェルミ粒子系の (6.10) 中の各々の K_s は，絶対零度でも異なる運動量とエネルギーを持つ．異なる p と l が混合したクラスター $K_1^{\nu_1} \cdots K_s^{\nu_s}$ の取りうる種類は，すべてが共通の運動量 p を持つ大きな K_m タイプの多角形の種類よりもはるかに多い．従って，フェルミ粒子系で任意の m において Ξ_m に主に寄与するのは，ボース粒子系の場合の様に K_m タイプの多角形ではなく，様々な $K_1^{\nu_1} \cdots K_s^{\nu_s}$ タイプの多角形のクラスターである．（例えば $m = 7$ の場合では，図 4.4 の様な多角形クラスターは図 4.5 の様な単一の最大の多角形よりも重要である．）5.4 節では，BCS 模型と等価な物理を大分配関数で表した．そこでは，フェルミ面近傍の励起に注目すれば，泡グラフが粒子の入れ替えにより図 5.12 の様な大きな K_m タイプの多角形にまで成長して大分配関数を支配した．しかし**気体の液体への相転移は，フェルミ面近傍の励起をはるかに超えた，系を構成する粒子全体を巻き込む大規模な変化である．**従って，そこでは $K_1^{\nu_1} \cdots K_s^{\nu_s}$ タイプの多角形のクラスターが主要な役割を果たすであろう．

我々は第 1 章の古典的な気体液体相転移の場合にも，似た様な状況に出会った．そこでは (1.73) のクラスター積分

$$b_l = \frac{1}{l!\,v} \int \cdots \int \sum \left[\prod_{i<j} f_{ij} \right] dV_1 dV_2 \cdots dV_{l-1}, \tag{6.12}$$

は，様々なタイプのクラスターのすべての可能な組み合わせについて和を取る必要があった．この点においても，**フェルミ気体の気体液体相転移は，古典気体の気体液体相転移と似た特徴を持っており，それを定式化する際には共通の課題に直面する．**

この様に，多体的引力の働くフェルミ粒子系の BCS 模型を超えた大分配関数を評価し，その液体への転移を探るのは，正統的ではあるが労の多い方法である．

最後に金属でこの問題を考える時には，電子の小さな質量がより深刻な問題を提起する事を指摘せねばならない．小さな質量を持つフェルミ粒子系では，

---

*1) この交代級数の収束半径を求める為にコーシー–アダマールの定理を適用する際に，それが上極限 $\overline{\lim}_{n\to\infty} = \lim_{m\to\infty} \sup_{m\le n}$ で定義されている事が意味を持つであろう．

不確定性原理の為に激しい運動が起きているので，液体が果たして気体とは異なる熱力学的安定状態として存在するのかは定かではない．従って，電子系の気体液体相転移が実際的な意味を持つかどうかも明らかではない．この意味では，金属中の電子系を呼ぶのによく用いられる名称「フェルミ液体」*2) よりも，気体と液体を両方とも含む「フェルミ流体」の方がより適切である．

6.3 クーパー対から堅く結合したボース粒子へ

フェルミ粒子系での気体液体相転移は，BCS 模型を経由しては起きない．とすると，フェルミ粒子系で引力を強くしていくと起こりうる他の可能性として，気体のままで BCS 基底状態から強く結合したボース粒子系へ連続的に変化する過程がある[69][70]．BCS 基底状態 (5.47) で括弧から u_k を取り出し，括弧の外に現れる $\prod_{k'} u_{k'}$ を定数と見なそう．

$$\begin{aligned}\Phi_{BCS} &= \prod_{k'} u_{k'} \prod_{k} \left(1 + \frac{v_k}{u_k} f_{k\uparrow}^\dagger f_{-k\downarrow}^\dagger\right) |0\rangle \\ &\propto \prod_{k} \left(1 + \frac{v_k}{u_k} f_{k\uparrow}^\dagger f_{-k\downarrow}^\dagger\right) |0\rangle. \end{aligned} \tag{6.13}$$

各々の $f_{k\uparrow}^\dagger$ と $f_{-k\downarrow}^\dagger$ はフェルミ粒子としての性質を保ち，$n \geq 2$ について $(f_{k\uparrow}^\dagger)^n|0\rangle = 0$ となるので，この Φ_{BCS} は

$$\begin{aligned}\Phi_{BCS} &\propto \prod_{k} \exp\left(\frac{v_k}{u_k} f_{k\uparrow}^\dagger f_{-k\downarrow}^\dagger\right) |0\rangle \\ &= \exp\left(\sum_{k} \frac{v_k}{u_k} f_{k\uparrow}^\dagger f_{-k\downarrow}^\dagger\right) |0\rangle \end{aligned} \tag{6.14}$$

と書き直す事が出来る．

引力を強くすると起こりそうなのは，2 つのフェルミ粒子から強く結合した 1 つのボース粒子へと徐々に変化する過程である．座標空間では，1 つのクーパー対の波動関数と他のクーパー対の波動関数とのオーバーラップは徐々に弱くなり，遂にはクーパー対は強く結合したボース粒子に変わってしまうであろう．この筋書きに従えば，Φ_{BCS} は徐々に次の様な波動関数 Φ_N

$$\Phi_{BCS} \Longrightarrow \Phi_N = \left(\sum_{k} \frac{v_k}{u_k} f_{k\uparrow}^\dagger f_{-k\downarrow}^\dagger\right)^{N/2} |0\rangle \tag{6.15}$$

に変化する．この Φ_N は Φ_{BCS} から粒子数一定の状態へと射影された状態であり，v_k/u_k は出来上がったボース粒子の波動関数のフーリエ展開の振幅である．フーリエ展開 $\sum_k (v_k/u_k) f_{k\uparrow}^\dagger f_{-k\downarrow}^\dagger$ が，座標空間で局在した関数を表す為には，大きな k についての係数 v_k/u_k が，零ではない値を持たねばならな

*2) この言葉はランダウによる液体ヘリウム 3 の正常相の考察の際に用いられた．

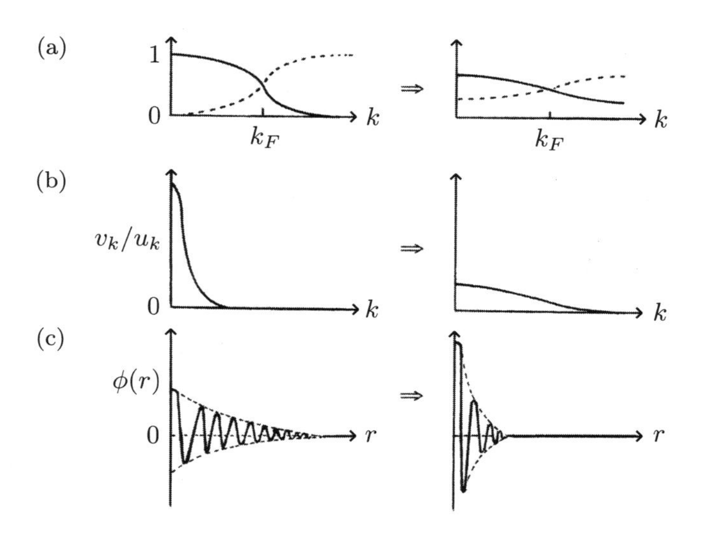

図 6.2　クーパー対（左側）から，強く結合したボース粒子（右側）への変化，(a) v_k と u_k は，各々実線と点線で表示した，(b) v_k/u_k，(c) 座標空間での振幅 $\phi(r) = \sum_k (v_k/u_k)\exp(ikr)$.

い．図 6.2 は，BCS 基底状態（左側）から，強く結合したボース粒子の状態（右側）へと変化する途中で，波動関数がどの様に変化するを模式的に表す．図 6.2(a) は点線の u_k と実線の v_k で表される BCS 状態（左側）から，ボース粒子状態（右側）への変化を表し，図 6.2(b) はその結果生じる v_k/u_k の変化を表す．BCS 基底状態では，$k \simeq 0$ で u_k が小さい為に，v_k/u_k は $k = 0$ で鋭いピークを示す．ボース粒子へと変化する過程で，u_k と v_k がともにゼロにはならなくなるので，v_k/u_k のピークは徐々に波数空間で広がる．図 6.2(c) は u_k/v_k のフーリエ変換，つまり座標空間でのボース粒子の波動関数の振幅 $\phi(r) = \sum_k (v_k/u_k)\exp(ikr)$ を表す．運動量空間で v_k/u_k の分布が広がると，座標空間での $\phi(r)$ の分布は $r = 0$ に局在する．

この様な変化が起きる為には，引力相互作用の強さだけではなく，その種類もまた重要である．クーパー対を作る 2 つのフェルミ粒子が，強く結合した 1 つのボース粒子になる為には，クーパー対の間のフェルミ粒子の交換は抑制されなくてはならない．（原子核は強く結合したフェルミ粒子の少数多体系である．核力が 2 つの陽子と 2 つの中性子を結びつけてヘリウム 4 の核が出来ると，他の核と核子を交換する傾向は抑えられ，更に多くの核子が結びついて大きな核になる事も抑制される．）この様な性質を相互作用が持たない限り，その到達する状態とは，強く結合したボース粒子ではなく，他のクーパー対との間にフェルミ粒子の交換が許される BCS 状態である．

参考文献

[1] 高林武彦, 熱学史, 第 2 版 (海鳴社, 1999).

[2] M. Dresden, Phys. Today, Sep., 26 (1988).

[3] C.N. Yang and T.D. Lee, Phys. Rev. **87**, 404 (1952).

[4] T.D. Lee and C.N. Yang, Phys. Rev. **87**, 410 (1952).

[5] J.E. Mayer and M.G. Mayer, *Statistical Mechanics* (John Wiely and Sons, New York, 1940).

[6] J.E. Mayer and S.F. Harison, J. Chem. Phys. **5**, 87 (1938).

[7] C.G. Darwin and R.H. Fowler, Phil. Mag. **44**, 450 (1922).

[8] M. Born and K. Fuchs, Proc. Roy. Soc. (London) A **166**, 391 (1938).

[9] B.M. McCoy, *Advanced Statistical Mechanics* (Oxford, 2010).

[10] J.S. Langer, Ann. Phys. (NY) **41**, 108 (1967).

[11] J.D. Bernal, Sci. Am. **203**, 124 (Augsut, 1960).

[12] J. Frenkel, *Kinetic Theory of Liquids* (Oxford, London, 1946).

[13] K. Trachenko and V.V. Brazhkin, Rep. Prog. Phys. **79**, 016502 (2016).

[14] M. Planck, Ann. d. Phys. (4), **4**, 553 (1901).

[15] A. Einstein, Ann. d. Phys. (4), **17**, 132 (1905).

[16] S.N. Bose, Zeit. f. Phys. **26**, 178 (1924).

[17] A. Einstein, Sitzb. Preuss. Akad. Wiss. Phys.-Math. Klasse 261 (1924).

[18] A. Einstein, Sitzb. Preuss. Akad. Wiss. Phys.-Math. Klasse 3 (1925).

[19] J.E. Robinson, Phys. Rev. **83**, 678 (1951).

[20] K. Huang, *Statistical Mechanics* 2nd (John Wiely and Sons, New York, 1987).

[21] R.P. Feynman, Phys. Rev. **90**, 1116 (1953).

[22] T. Matsubara, Prog. Theor. Phys. **6**, 714 (1951).

[23] R.P. Feynman, Phys. Rev. **91**, 1291 (1953).

[24] F. Bloch, Z. Physik **74**, 295 (1932).

[25] S. Koh, J. Phys. Soc. Jpn. **88**, 014601 (2019).

[26] M.R. Anderson, C.G. Townsend, H.J. Miesner, D.S. Durfee, D.M. Kurn and W. Ketterle, Science **275**, 637 (1997).

[27] A.J. Leggett, Prog. Theor. Phys. Suppl. **69**, 80 (1980).

[28] O. Penrose and L. Onsager, Phys. Rev. **104**, 576 (1956).

[29] C.N. Yang, Rev. Mod. Phys. **34**, 694 (1962).

[30] G.L. Sewell, J. Math. Phys. **38**, 2053 (1997).

[31] G.E. Uhlenbeck and E. Beth, Physica **3**, 729 (1936).

[32] L. Gropper, Phys. Rev. **50**, 963 (1936).
[33] T. Kihara, Y. Mizuno and T. Shizume, J. Phys. Soc. Jpn. **10**, 249 (1955).
[34] B. Kahn and G.E. Uhlenbeck, Physica **5**, 399 (1938).
[35] F.G. Brickwedde, H.van Dijk, M. Durieux, J.R. Clement and J.K. Logan, J. Res. NBS **64A**, 1 (1960).
[36] K. Huang, Phys. Rev. **119**, 1129 (1960).
[37] N.N. Bogoliubov, J. Phys. USSR **11**, 23 (1947).
[38] D.Ter Haar, Phys. Rev. **95**, 895 (1954).
[39] H.T. Stoof, Phys. Rev. A **49**, 3824 (1994).
[40] S. Koh, Phys. Rev. B **64**, 134529 (2001).
[41] S. Koh, Phys. Rev. E **72**, 016104 (2005).
[42] 國府俊一郎, 物性論研究電子版, 2 月号 (2020).
[43] *Handbook of discrete and combinatorial mathematics*, K.H. Rosen ed., 115 (CRC press, 2000).
[44] C.L. Liu, *Introduction to Combinatorial Mathematics* (McGraw-Hill, 1968). (C.L. リウ, 組み合わせ数学入門, 伊理正夫, 伊理由美訳, 共立出版, 1972).
[45] P.N. Neumann, Math. Scientist **4**, 133 (1979).
[46] O. Nakamura, Scientiae Mathematicae Japonicae **59**, 463 (2004).
[47] C.C. Bradley, C.A. Sackett, J.J. Tollett and R.G. Hulet, Phys. Rev. Lett. **75**, 1687 (1995).
[48] S.L. Cornish, N.R. Claussen, J.L. Roberts, E.A. Cornell and C.E. Wieman, Phys. Rev. Lett. **85**, 1795 (2000).
[49] S.R.de Groot, G.J. Hooyman and C.A.ten Seldom, Proc. Roy. Soc. London A **203**, 266 (1950).
[50] H. Frohlich, Phys. Rev. **79**, 845 (1950).
[51] L. Cooper, Phys. Rev. **104**, 1189 (1956).
[52] 明解な解説として，近藤淳, 固体物理 **11**, 6, 297 (1976).
[53] J. Bardeen, L.N. Cooper and J.R. Schrieffer, Phys. Rev. **108**, 1175 (1957).
[54] N.N. Bogoliubov, Nuovo Cimento **7**, 794 (1958).
[55] J.G. Valatin, Nuovo Cimento **7**, 843 (1958).
[56] B. Pippard, Proc. Roy. Soc. London A **216**, 547 (1953).
[57] V.L. Ginzburg, Sov. Phys. Solid St. **2**, 1824 (1960).
[58] A.P. Levanyuk, Sov. Phys. JETP **36**, 571 (1959).
[59] A. Larkin and A. Varlamov, *Theory of Fluctuations in Superconductors* (Oxford, 2005).
[60] K. Nakayama, Prog. Theor. Phys. **21**, 713 (1959).
[61] D.J. Thouless, Ann. Phys. (NY) **10**, 553 (1960).
[62] M. Gaudin, Nucl. Phys. **20**, 513 (1960).
[63] B. Mühlschlegel, J. Math. Phys. **3**, 522 (1962).

[64] J.S. Langer, Phys. Rev. **134**, A553 (1964).

[65] S. Koh, Phys. Lett. A **229**, 59 (1997).

[66] D. Rainer and J.W. Serene, Phys. Rev. B **13**, 4745 (1976).

[67] S. Koh, Phys. Rev. B **49**, 8983 (1994).

[68] P. Monthoux and D. Scalapino, Phys. Rev. Lett. **72**, 1874 (1994).

[69] T. Leggett, in *Moden trends in the theory of Condenced Matter Physics* (Springer, Berlin, 1980) p 14.

[70] Review として M. Randeria, in *Bose-Einstein Condensation* (Cambridge, 1995).

索　引

欧字

ア

カ

サ

タ

ナ

ハ

マ

ラ

著者略歴

國府　俊一郎
こう　しゅんいちろう

1953 年　兵庫県に生まれる
1977 年　北海道大学理学部物理学科卒業
1985 年　大阪大学大学院博士後期課程単位取得退学
　　　　理学博士
1988 年　高知大学教育学部講師
　　　　助教授，教授を経て，
2010 年　高知大学理学部門教授
2019 年　高知大学名誉教授
専門　物性物理学，核物理学

SGC ライブラリ-171
気体液体相転移の古典論と量子論

2021 年 9 月25日 ©　　初 版 発 行

著　者　國府俊一郎

発行者　森 平 敏 孝
印刷者　中 澤 　眞
製本者　小 西 恵 介

発行所　株式会社 サ イ エ ン ス 社
〒151–0051　東京都渋谷区千駄ヶ谷 1 丁目 3 番 25 号
営業 ☎ (03) 5474–8500 (代)　振替 00170–7–2387
編集 ☎ (03) 5474–8600 (代)
FAX ☎ (03) 5474–8900　表紙デザイン：長谷部貴志

組版 プレイン　印刷 (株)シナノ　製本 (株)ブックアート

ISBN978-4-7819-1524-1

PRINTED IN JAPAN

サイエンス社のホームページのご案内
https://www.saiensu.co.jp
ご意見・ご要望は
sk@saiensu.co.jp　まで．

SGCライブラリ-169：for Senior & Graduate Courses

テンソルネットワークの基礎と応用

統計物理・量子情報・機械学習

西野　友年　著

定価 2530 円

理工学諸分野で今広く注目を集めている「テンソルネットワーク」の基礎，応用，歴史，現状，展望を，第一線で研究する著者が縦横無尽に親しみやすい筆致で解説.

サイエンス社

SGC ライブラリ-166 : for Senior & Graduate Courses

ニュートリノの物理学

素粒子像の変革に向けて

林　青司　著

定価 2640 円

素粒子物理学の発展の歴史で本質的に重要な役割を果たしてきた素粒子，ニュートリノは，今日成功を収めている「標準模型」の確立に大きく貢献し，現在では「ニュートリノ振動」と呼ばれる現象が，標準模型を超える理論を構築する際の足掛かりになるものとして注目されている．本書ではニュートリノとそれに関連する素粒子物理学について解説，議論する．

サイエンス社

SGC ライブラリ- 165 : for Senior & Graduate Courses

弦理論と可積分性

ゲージ-重力対応のより深い理解に向けて

佐藤　勇二　著

定価 2750 円

ゲージ-重力対応（AdS/CFT 対応）における可積分性の発見により，対応の定量的な解析が一般・有限結合の場合に可能となり，ゲージ-重力対応，そして，対応に現れるゲージ理論/重力・弦理論の理解が大きく進んだ．さらに，弦理論・可積分性に基づく研究に触発され，ゲージ理論側の研究も大きく進展した．本書では，可積分性に基づくゲージ-重力対応の研究の一端を紹介する．

サイエンス社